遇见玉 和田玉赏玩志

杨惇杰 著

上海科学技术出版社

图书在版编目(CIP)数据

遇见玉：和田玉赏玩志/杨惇杰著．—上海：上海科学技术出版社，2016.4

ISBN 978-7-5478-2955-4

Ⅰ.①遇… Ⅱ.①杨… Ⅲ.①玉石-基本知识-和田县 Ⅳ.①TS933.21

中国版本图书馆CIP数据核字（2016）第009208号

遇见玉:和田玉赏玩志

杨惇杰　著

上海世纪出版股份有限公司
上 海 科 学 技 术 出 版 社　出版

(上海钦州南路 71 号　邮政编码 200235)

上海世纪出版股份有限公司发行中心发行

200001　上海福建中路 193 号　www.ewen.co

上海中华商务联合印刷有限公司印刷

开本 787×1092　1/16　印张 9.25

字数 250 千字

2016 年 4 月第 1 版　2016 年 4 月第 1 次印刷

ISBN 978-7-5478-2955-4 / TS · 179

定价：58.00 元

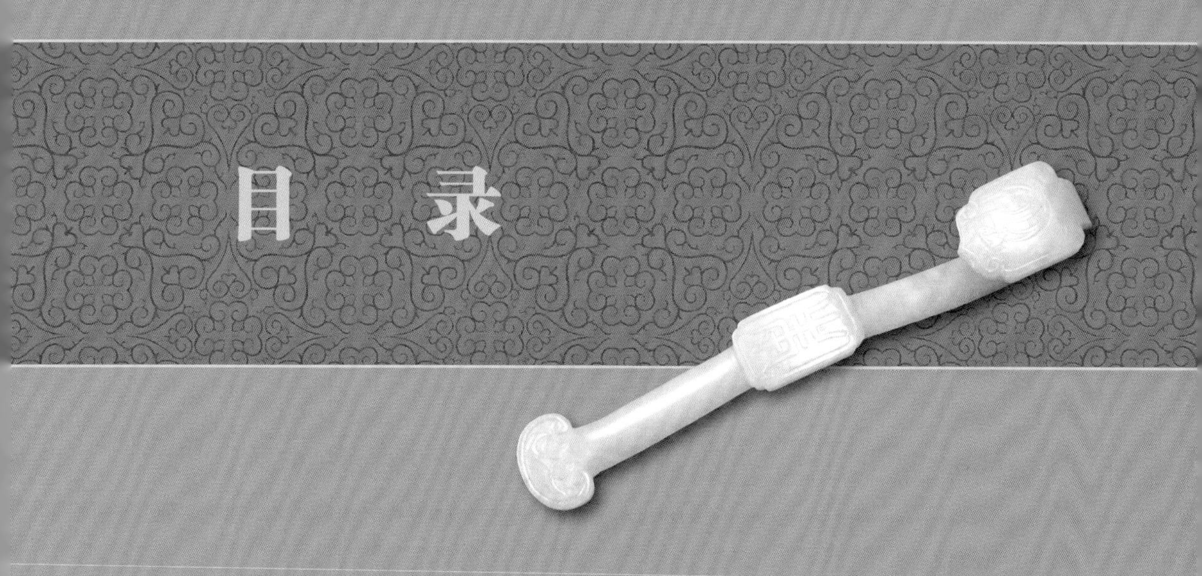
目 录

目录

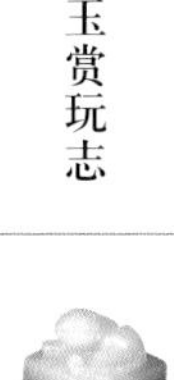

目录

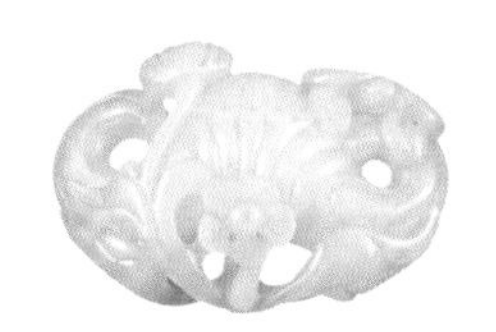

目录

目录

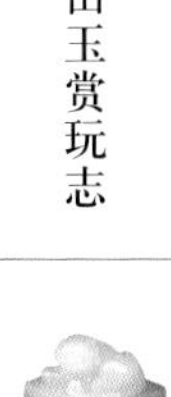

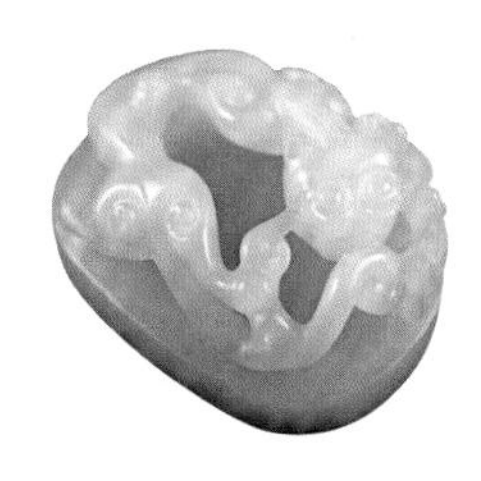

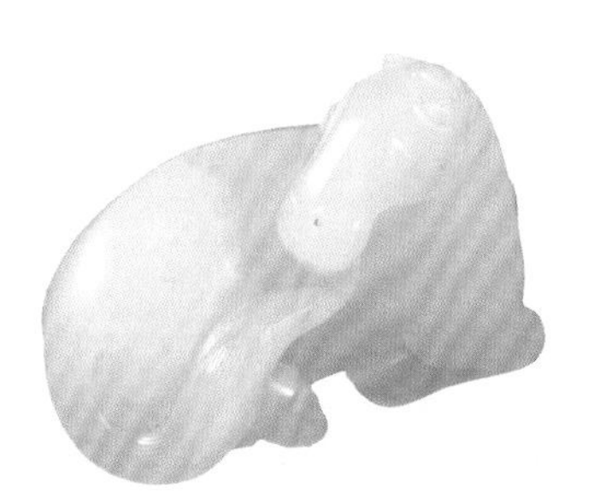

“玉，石之美者。有五德：润泽以温，仁之方也；䚡理自外，可以知中，义之方也；其声舒扬，专以远闻，智之方也；不挠而折，勇之方也；锐廉而不技，絜之方也。”

——《说文解字》

绪　论

自古以来，中华民族就十分爱玉，更常以玉来比喻君子该有的德行。然而，古玉不同于珠宝，无法单纯用仪器来断代和鉴定真伪。收藏者必须经过长期地赏玩和学习，才能练就一双火眼金睛。

说玉：玉器历史与风格演变

玉者，象君子之德，燥不轻，温不重，是以君子宝之。
——东汉《白虎通义》

女娲炼石补天的古老传说，将美丽的彩石与天联系在了一起。

相传远古之时，共工与颛顼互争帝位，共工不敌，怒撞不周山，致使天柱折断倾塌，苍天因而崩裂。大地万物燃烧不止，天河之水倾泻而下，洪水四处成灾，生灵涂炭，苦不堪言。女娲不忍子民们受此无端灾祸，于是取五色土为原料，借太阳神火之力，炼成五色彩石来修补苍天，挽救了众生。

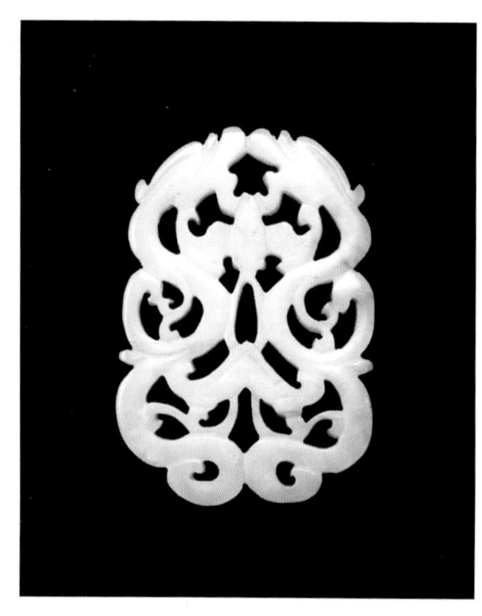

清代和田白玉镂雕双龙牌

而补天剩下的五色彩石散落于神州各地，形成各种美丽的玉石，所谓“千种玛瑙万种玉”的传说便由此而来。而玉这种美石，自然而然成了古人心中有灵之物，因此，以玉石制成的器物，便成为史前人类祭祀时与神明沟通的法器。

中国人用玉的历史

随着社会发展，逐渐产生了阶级制度，而阶级分化的形成，让佩戴玉饰成了有灵性或有身份地位的一种象征，长达7 000年的玉器文化，便在这种灵性、神灵、巫术等原始宗教气氛笼罩下，逐渐茁壮成长。先民以玉为“神物”，视玉为山川的精灵，崇玉、祭玉的观念与活动早已根深蒂固，除了崇敬之心，更带有一种对神秘事物的好奇。

在艺术表现上，除了模仿生产工具的造型外，主观理念的影响甚强，以夸张、示意的手法制作了大量为巩固神权和世俗统治的玉器，形成中国工艺美学的第一个高峰。从这个角度来看，玉器工艺相较于其他的中国传统工艺，显得更加卓越而成熟。

根据考古学家和历史学家的考证，我国使用玉器的历史，可追溯至7 000年前的新石器时代早期。前故宫博物院副馆长杨伯达先生，曾发表《中国古代三大玉板块论》一文，将中国玉文化的分布与形成分为珣玗琪、瑶琨和球琳三大板块。珣玗琪玉板块即夷玉板块，分布于东北、东蒙、华北一部分地区，以红山文化玉器为代表。瑶琨玉板块即越玉板块，分布于长江以南的中部地区，以良渚文化玉器为高峰。球琳玉板块即羌玉板块，分布于西北地区，以齐家文化玉器为标准。三大玉板块互有碰撞，并且时有交汇融合，良渚玉器刺激了齐家玉器迅速发展，与同时期的山东龙山文化、陶寺文化、陕西龙山文化、石家河文化等5支古文化玉器互为融合，并为中国的玉器文明奠定了基础。

红山文化C形龙，出土于内蒙古赤峰市红山区域，周身卷曲，唯嘴部高昂，毛发飘舞极富动感，是红山文化玉器的代表作

自古以来，中华民族便是个爱玉的民族，玉石文化深深影响着中国人的精神内涵。以“玉”字本身来看，“王”字加一点为玉，为皇家王者的象征。汉字中从玉旁的字将近500个，与玉组合而成的字词更是无以计数。历代诗文中，常用玉来比喻或形容一切美好的人或事物，既是高雅品性的象征，也是吉祥平安的护身符，有时甚至是人神合一的通灵宝物。从玉的造字和组词，足以说明玉在中国悠久的历史文化中占据了重要地位。

商代玉戈

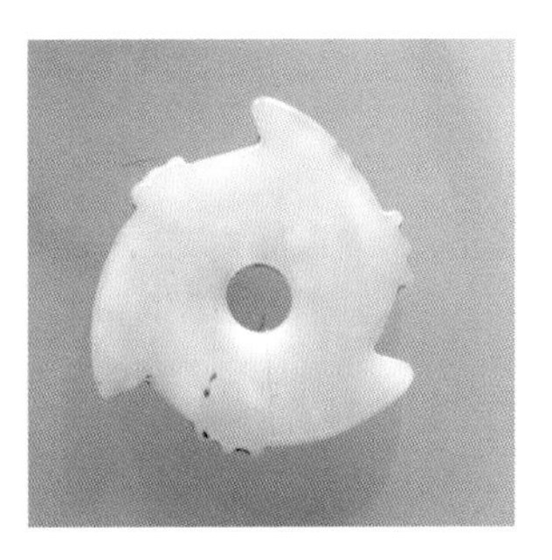

商晚期玉璇玑

河南平顶山应国墓地出土的西周玉组佩

《荀子·法行篇》记载孔子对于君子乐玉的观念。子贡问孔子："君子为何贵玉？"孔子回答："夫玉者，君子比德焉。温润而泽，仁也；栗而理，知也；坚刚而不屈，义也；廉而不刿，行也；折而不挠，勇也；瑕适并见，情也；扣之，其声清扬而远闻，其止辍然，辞也。故虽有珉之雕雕，不若玉之章章。"孔子认为，君子以玉来比对自身的德行，也正是玉被君子看重的原因。玉的特点正如君子的德行：温润如仁义，缜密有文如智慧，有义但不会伤人，有礼且谦卑待人。这些都是君子追求及向往的品德象征，人们可以从君子所佩戴的美玉，看出他的人格理想与价值理念。

这种"比德"的观念，对中国传统文化与审美的民族特性产生了深远的影响。自古以来，中国的文学家与艺术家便常以自然界的美好事物，来描述良善的德行，例如莲花的出淤泥而不染、菊花的孤枝傲霜、竹子的中空外直、松柏的岁寒后凋、腊梅的傲雪幽香，中国人对于这些事物的喜爱，都是从"比德于玉"的原则而来，道法自然，正是中国人审美观念的精髓所在。

玉器的时代风格

新石器时代

在距今6 000 ~ 7 000年前的马家浜文化遗址（位于浙江省嘉兴市西南方），已出现了玉管和玉玦；上海市青浦区发现的崧泽文化遗址（距今5 300 ~ 6 000年），也挖掘出玉璜和玉琀；而接续崧泽文化的良渚文化（距今4 200 ~ 5 300年），琢玉工艺已相当成熟，此时的玉匠开始使用线割、浮雕、镂空、抛光等技法，而琢玉的工具也开始使用砣具。良渚文化的玉器形制以礼器、武器、工具及装饰品为主，外形多为片状，器形简单，纹饰以素面居多，少量的玉器上雕有特殊的神人兽面纹。

神人兽面纹为良渚文化的代表图腾，有的学者认为，此纹饰是依照当时的宗教信仰描绘而成，也有学者认为，神人兽面纹所描绘的是当时的勇士骑兽类在外狩猎的画面。

红山文化遗址位于辽宁省以西、内蒙古以东的地区，是新石器时代另一个以琢玉闻名的代表性文化，距今约5 000年。红山文化玉器的特色是立体性的构造，造型厚实朴拙，以猪、虎、鸟、龙等鸟兽类形状为主，神韵生动豪放，工艺水平极高，其中以玉猪龙为最具代表性的作品。玉猪龙又名玉兽玦，被认为是龙的最早雏形，也有人称其为“中华第一龙”。玉猪龙的外形特殊，考古界对该玉器定义为猪或龙仍有争议，还有另一派学者认为它是当时熊的形象。至于玉猪龙的用途至今仍未有定论，多数认为是宗教祭祀用的礼器。

新石器时代的制玉工具落后，因此常在玉器表面上留下明显的制作痕迹，穿孔玉器的孔壁上，由于工具的不断磨损，造成越至深处孔越小的现象。

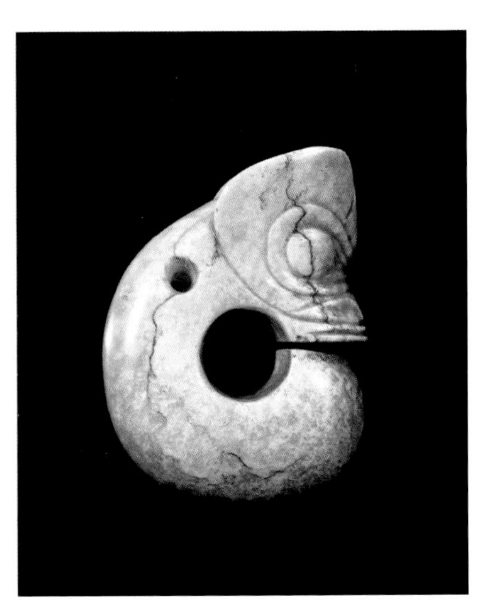

红山文化玉猪龙

夏商周三代

夏商周三代的琢玉工艺，比起新石器时代的良渚文化和红山文化，又向前迈进了一大步。

在此期间，我国首次于昆仑山脉开采出和田青白玉等上品玉料，相较于良渚玉器和红山玉器常使用的岫岩玉，和田青白玉的质地和密度都要好上数倍。

所谓“工欲善其事，必先利其器”，商代的青铜器发展迅速，用铜铸造出的各种工具，尤其是各种砣具的发明，让玉匠们有了更大的表现空间。

常见的纹饰有重环纹、菱形纹、同心圆弦纹、兽面纹等。在工艺上，双线勾勒法的使用相当普遍，这种勾勒法是用双凹槽线来衬托出中间的凸槽，形成清楚的线条，在玉器表面上勾勒出各种纹饰。穿孔玉器的孔内则常见回旋形的琢痕，阴线刻画刚劲有力。从夏商周三代开始，琢玉的工序已逐渐成形，一般来说，有选料、开料、成型、琢纹、钻孔及抛光等六大工序。

有了好的玉材和进步的工具，再加上琢玉过程的程序化，我国的玉器工艺由此时开始突飞猛进。

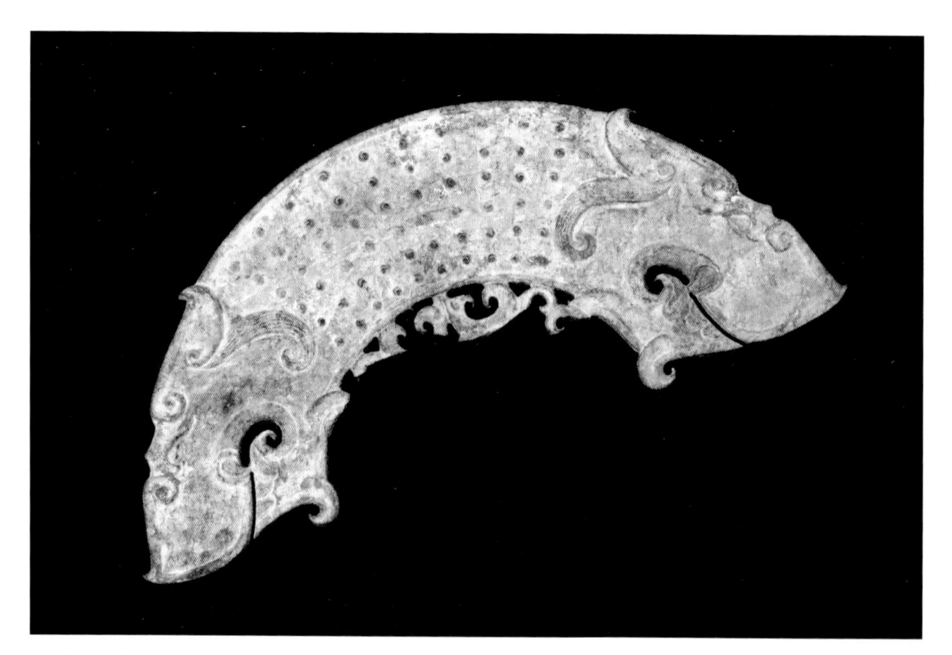

西汉早期出廓式双首合体龙形玉璜。那志良在《玉器通释》中解释："璜是模仿虹的形状而来的。常见的璜，两端多雕作龙形，这与古籍中所记虹饮之说有关。"

春秋战国及汉代

春秋时期，琢玉工艺的发展随着时代和社会的动荡，产生了微妙的变化。由于诸侯群雄并起，周天子的地位逐渐式微，各地诸侯为了表彰自己的身份地位，也开始重视玉器的制作。琢玉技术因此逐渐向外传开，玉匠们不再仅供皇室专用；而玉器的用途也逐渐由祭祀用的礼器，转变为装饰用的饰品。

据《礼记》记载，君子佩玉是为了听玉佩之声来随时节制行止，又有君子"洁身如玉""温润如玉"等说法，表示玉器逐渐由神权的象征，趋向以人为本，并注重佩戴者本身的道德涵养，同时也带动以玉器为饰品的观念，成为高层贵族阶级的流行风尚，玉饰的需求量也因此大幅增长。

由于切割技法的进步，加上玉料本身属于贵重物品，为节省耗料，薄片的玉饰造型自然成为当时主流，而单一的配饰已无法满足人们的需求，以珩、璜、琚、瑀、冲牙等组合而成的全套配饰开始盛行。

战国时期，由于连年战乱，阴阳五行之说在民间相当盛行，并与命理卜算相结合，而后又因秦始皇笃信神仙炼丹和不死传说，促使道家所奉行的老庄思想在此时期特别发达。自皇室至一般百姓，都相信佩戴玉器能驱邪避凶，甚至有延年益寿的功效。道家典籍中更不乏把玉屑当成长生不老药引的记载，如《抱朴子》中记载："服金者寿如金，服玉者寿如玉。"还有非常详细的炮制方法。

玉器能当护身符的观念在当时相当盛行，生者可佩戴翁仲、刚卯、司南（汉玉三宝）等玉饰，而死者则以大量玉器陪葬，以保护尸身不腐，得以永生不朽。所谓"金玉在九窍，则死者为之不朽"，汉代的九窍塞，即填塞或遮盖在死者身上九窍的九件玉器，此类殓玉除了九窍玉外，还有专为帝王贵族制作的玉衣。金缕玉衣的工法繁复，大量使用金、银、铜、丝缕等材料，将数千块薄玉片编织在一起。

这些用玉的概念，和原本儒家推广的用玉方式差异甚大。礼玉、佩玉制度所体现的是礼治、德治，着重于政教合一和道德行为的修养；而道家的用玉方式则更侧重于现世的需求，也就是身心的修炼和对于长生不老的向往：生前食玉是为了"长生"，死后葬玉则是为了"复生"。老庄思想与玉器联系在一起，使中国的玉文化在新的社会背景下，以农业民族重现实、重现世的心理为依据，产生了心态上及功能上的转变。

汉玉三宝之玉司南

汉玉三宝之玉翁仲

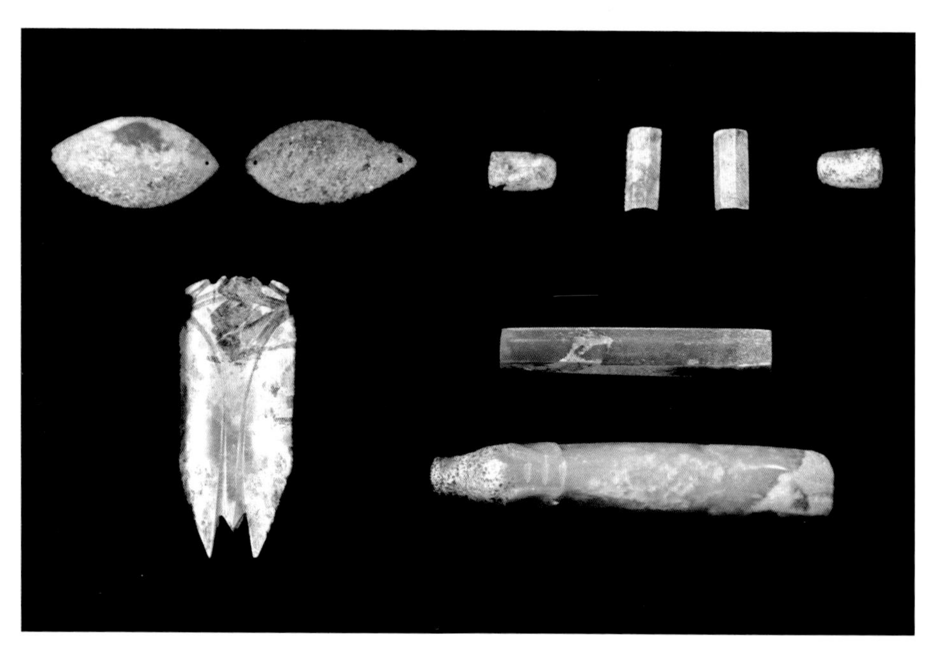

西汉陪葬玉器组，又称九窍玉，分别为左右覆眼玉、左右耳塞玉、左右鼻塞玉、玉含蝉、肛塞玉和玉握猪

辽代春水秋山带穿

唐宋辽金元

隋唐时期，由于社会经济蓬勃发展，中西文化交流频繁，对外通商日益繁盛，当时的中国成了世界的经贸中心。正因社会风气的改变，庶民地位随着收入渐丰而有所提升，玉器的使用也跟着世俗化、生活化、商品化。受到西方服饰观念的影响，开始出现搭扣、发钗、发簪等生活用玉器，而纹饰上也大量运用了植物花叶、动物鸟禽等题材，还有胡人、飞天等外来文化的图案，充分反映了当时社会的富足安定，以及关注自然的生活态度。

到了宋代，受到理学思想的影响，玉器由原本平面的佩饰嵌件，进化为立体的高浮雕及圆雕类作品；琢玉技法上，也从原本的单层透雕发展成多层透雕，加强在画面上呈现出的立体视觉。纹饰题材上，除了延续隋唐盛行的花鸟植物，更添加了许多以民间传说为主题的故事性纹饰。宋人追求天人合一的生活概念，完整体现于玉器的审美意趣上。

“春水”和“秋山”是辽金时期最具代表性的纹饰。前者以春猎时，海东青展翅疾飞而下，紧啄天鹅颈部的瞬间情景为主题；后者则完整呈现秋猎时，狩猎虎、鹿、熊等猛兽的场景，真实反映出北方民族的生活特征，表明玉器在当时与生活是紧密结合的。

明清时期

明清时期，玉饰的使用更加普及，由于新疆地区和田玉料的开采，明代玉器的质料相较于以往优良许多，器形上则追求方正规矩、线条流畅、雕工细致。在纹饰上，除了美感的呈现外，首次出现以图案的谐音隐含吉瑞寓意的新型纹饰，如猴子骑在马背上的“马上封侯”、蝙蝠和寿桃组合的“福寿双全”等。

从明代开始流行的玉牌，源自官员出入宫廷时识别用的牙牌，后来成为文人雅士喜爱的玉饰，其上多刻有诗文和文人书画，深具高雅情趣，往往镌刻名人款识。明代玉雕大师陆子冈所制的玉牌，一面浮雕行草书法的诗文，一面浮雕诗文中的优美画意，意境高超，称之为“子冈牌”，在皇宫贵族和文人雅士间风靡一时，按其形制所仿制的玉牌不胜枚举，后世皆称为“子冈款”。

清军入关后，经顺治、康熙二帝的励精图治，再经雍正皇帝整肃吏治,出现了我国历史上许久不见的“康乾盛世”。康熙时期，因吴三桂追击前明永历帝而进入交趾，开通了缅甸翡翠进入我国的商道。乾隆时期，为了平叛位于新疆的准噶尔部，又打通了和田玉料内运的通路，大量精美的和田玉材运进中原地区，促使玉器的工艺迅速发展，堪称我国玉器史上最昌盛的年代。玉器的种类和数量繁多，加上工艺进步，抛光较以往更为细腻，表面多呈油脂或蜡状光泽。

可惜的是，过度追求技艺的奇趣纤巧，反而徒具其形，失去了艺术内

清代“子冈款”玉牌

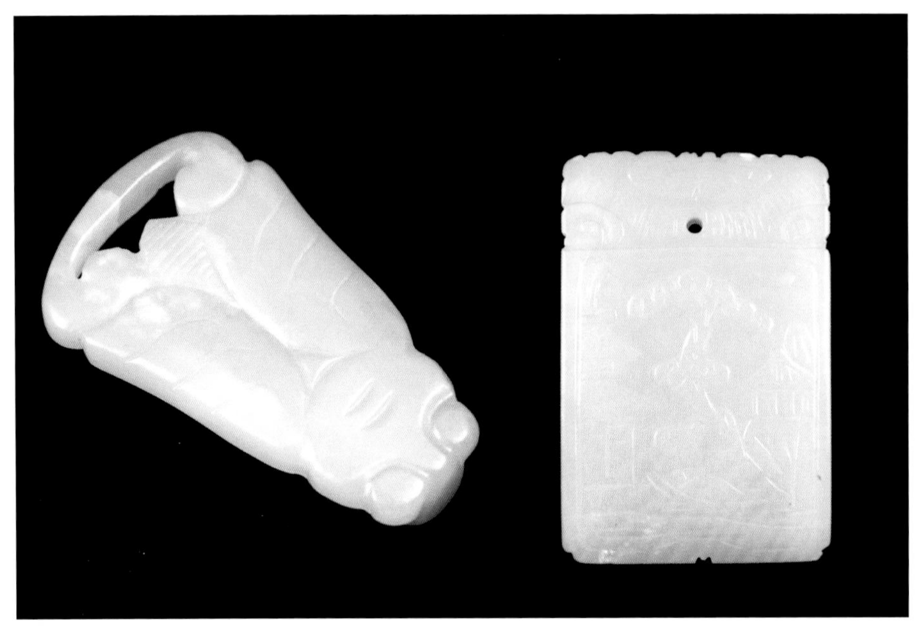

左为清代和田白玉蝉形带穿，右为清代“子冈款”玉牌

在的本质，但在阴刻、阳刻、浮雕、透雕、巧色、描金、镶嵌等卓越技法的运用下，玉器的线条蜿蜒流畅，变化多端，做工细致堪称历代之最。

中国的玉器工艺，随着社会文化的变迁，历经了漫长的发展过程，由最初万物有灵的玉神物观，延伸为强调自省的品德象征，从“以玉祭神”到“以玉比德”的文明进程，再发展至“以玉护身”的生活化用品。玉器由深层的精神领域，渐次世俗化的过程，堪称中国历史文化最直接的记忆载体。

时至今日，中国人崇玉、爱玉的观念已根深蒂固，琢玉不仅是一门历史悠久的传统工艺，玉器背后所隐含的深刻意义与人文内涵，更是无以计价的瑰丽珍宝。

识玉：
玉材的种类释疑

玉，石之美者。——《说文解字》

中国人对玉的书面定义，最早来自东汉许慎的《说文解字》。据《说文解字》记载："玉，石之美者。有五德：润泽以温，仁之方也；腮理自外，可以知中，义之方也；其声舒扬，专以远闻，智之方也；不挠而折，勇之方也；锐廉而不忮，洁之方也。"以色泽、纹理、声音、质坚及色纯（比喻五德）作为玉石评判的标准。

从现代矿物学的分类来看，我们所熟知的"玉"，大致可以分为两大类：一类为辉石玉（Jadeite），俗称硬玉；另一类是角闪玉（Nephrite），俗称软玉。法国科学家德穆尔（Alexis Damour）于 1846 年和 1863 年，分别对当时中国最珍贵的两种玉料——和田玉与翡翠的两种原矿，进行矿物学上的研究分析，并将其相对密度、硬度、化学成分、分子式以及显微结构等检测结果公诸于世，这是历史上首次以西方科学方式揭示各式玉材的矿物学特征。

春秋兽面玉饰（淅川下寺楚国墓出土）

在化学成分上，辉石玉（翡翠）与角闪玉（和田玉）皆属于链状硅酸盐类矿物，在偏光显微镜下，都呈现出纤维状结构。

辉石玉（翡翠）

神仙难断寸玉，赌石如同赌命。

——云南翡翠业界行话

辉石玉俗称硬玉，化学式为 $NaAl(Si_2O_6)$，属于辉石类矿物，成分为钠、铝硅酸盐，摩氏硬度为 6.5 ~ 7（摩氏硬度表是相对的关系，硬度从 1 到 10，钻石硬度为 10），相对密度为 3.24 ~ 3.43。

辉石玉还有个更为人熟知的别称——翡翠。翡翠的名称由来众说纷纭，一说来自于鸟名，据《异物志》记载："翠鸟形如燕，赤而雄曰

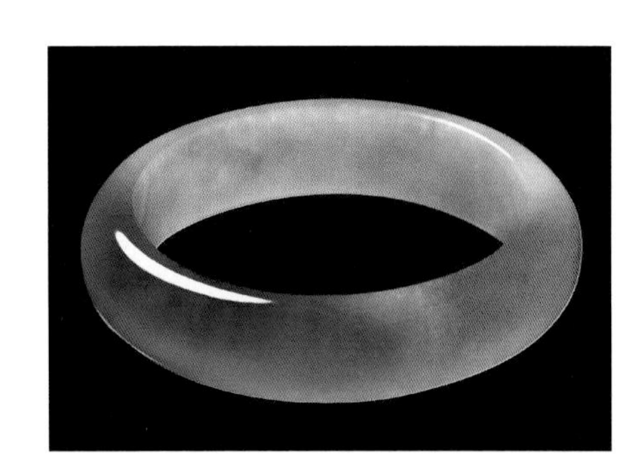

近代翡翠三彩手镯

翡，青而雌曰翠。”翠鸟的颜色鲜艳，雄性羽毛呈红色，雌性羽毛呈绿色，合称为“翡翠”，而辉石玉的颜色常见红绿相间，色彩犹如美丽的翠鸟羽毛一般，这美丽的宝石自缅甸传入中国后，便被称为“翡翠”。

世界上百分之九十以上的翡翠产自缅甸，主要产地为缅甸北部的密支那（Myitkyina）地区。翡翠的开采时间不久，只有600多年的历史，明末清初时，通过贸易渠道，翡翠才由滇缅一带传入云南。早期时，翡翠并非名贵宝石，不被中国人重视，清初学者纪晓岚在《阅微草堂笔记》中写道：“盖物之轻重，各以其时之时尚无定滩也，记余幼时，人参、珊瑚、青金石，价皆不贵……云南翡翠玉，当时不以玉视之，不过如蓝田干黄，强名以玉耳，今则为珍玩，价远出真玉上矣。”可见在纪晓岚年幼时，也就是雍正初年，翡翠并不被视为珍贵的玉石，直到乾隆时期，翡翠才逐渐受到重视。

据史籍记载，乾隆十年（1745年），在准噶尔部第三代领袖小噶尔丹死后，新疆发生叛乱，原本每年入贡清廷的和田玉料也因此受到阻碍，爱玉成痴的乾隆皇帝便开始多方寻找其他种类的玉石作为替代品。就在此时，云南一带来自缅甸的高级翡翠玉料开始进贡，造办处的巧匠们也开始琢磨翡翠，并雕琢出许多巧夺天工的翡翠制品，深得乾隆喜爱。

历史上，只要是皇帝喜欢的，王公大臣们必争相收藏，民间的富豪巨贾也跟着趋之若鹜；于是，原本价格低廉的缅甸辉石玉，一夕之间洛阳纸贵，身价不凡。

清末时期，翡翠的开采和消费到达了另一个顶点，原因也是与当时的当权者有关。除了乾隆皇帝外，清末的慈禧太后对翡翠的热爱更是痴迷，按大清律例，祖制所载，东宫皇后可

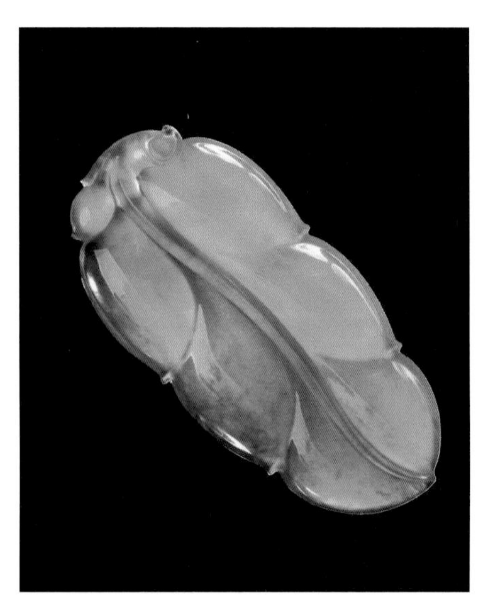

近代翡翠玉叶挂件

佩戴红色的宝石，如珊瑚、红宝石等，而西宫后妃只能佩戴绿色的宝石。身为出自西宫的太后，慈禧内心藏着挥之不去的阴影，然翡翠的珍贵独特，在绿色宝石中出类拔萃，因此备受慈禧太后的钟爱。

在慈禧的众多翡翠收藏品中，她最爱的是一对翡翠西瓜。据说这对西瓜的瓜皮翠绿，带着墨绿色的条纹，瓜里的黑瓜子、红瓜肉隐隐若现，慈禧爱之如命，甚至还命令数名亲信太监日夜轮班，严密看守存放这对翡翠西瓜的珠宝阁。相传这对翡翠西瓜在民国初年军阀孙殿英破慈禧东陵墓时被盗走，至今下落不明。

自清代以来，中国人对翡翠的喜爱与日俱增，先前提过，全世界九成以上的翡翠产自缅甸，而其中有九成的玉料都被中国买家买走，八成的原料更是在中国内地加工销售，在中缅边境的腾冲和瑞丽这两个城市，就是翡翠加工批发的主要集散地。

由于翡翠原石大多包覆着一层风化的外皮，即使用最先进的科学仪器，也很难从外部判断其内部矿石质量的优劣，因此在腾冲和瑞丽两地，自古便流传着“一刀穷，一刀富，一刀披麻布”的民谣，揭示了翡翠业“赌石”的风险，以及背后财富的变幻莫测。赌石的风险极高，相对的，其中的诱惑同样动人，一刀剖下，若开出质量优良的翡翠玉料，就可能获得数十倍，甚至数百倍的丰厚利润；反之，也可能是倾家荡产、血本无归。因此，云南翡翠业界有“神仙难断寸玉，赌石如同赌命”的说法。

翡翠原石，由于很难从外观判断内部矿石的优劣，因此行内有“一刀定生死，赌石如赌命”之叹

汉代青玉牛灯

角闪玉

凡玉，贵重者尽出于阗。

——明代《天工开物》

角闪玉俗称软玉，化学式为 $Ca_2Mg_5(OH)_2(Si_4O_{11})_2$，成分为含水的钙镁硅酸盐，由透闪石矿物组成，摩氏硬度为5.5～6.5，相对密度为2.9～3.1。据考证，远自新石器时代早期的河姆渡文化时期（公元前5 000～4 500年），先民就已开始使用角闪玉及其他多种美石来制作生产工具和装饰品，相较于明末才开始使用的辉石玉，中国人使用角闪玉的时间至少早了7 000多年。

常见的角闪玉（软玉）主要有4个来源，一是新疆料（也就是和田玉），二是青海料，三是俄罗斯料，四是辽宁岫岩河磨料（俗称岫岩玉）。

唐代和田白玉胡人献宝勒子

和田玉

在角闪玉族群中，和田玉是其中最珍贵的玉种。和田玉古名昆仑玉，原产西域莎车国、于阗国（现今中国新疆和田）。《史记·大宛列传》是中国最早描写边疆和域外地理的专篇，其中记载："汉使穷河源，河源出于阗，其山多玉石，采来，天子案古图书，名河所出山曰昆仑云。"明代《天工开物》亦云："凡玉，贵重者尽出于阗。"可见和田玉为中国玉文化史中最光彩辉煌的玉种，也是历代皇宫贵族珍爱的玉料用品。

以和田玉的出产地及产生形态来分类，又可分为山料、山流水料和籽料。山料又称宝盖玉，是指产于山上的原生矿，也就是产于山上的原生矿玉种，主要产在昆仑山中，史书称之为"攻山采玉"，产量相对较高。山料的特点是块大、外表粗糙、呈多棱形，但质量优劣不一，且油性略差，多绺裂，这是因为山料多用炸药开采。

山流水料是由山料经风化崩落，并由雨水冲入河道搬运至半山腰、山脚或河床上游而形成的。由于受到河水一定时间的冲刷，玉料的大部分棱角都被磨去，且表面光滑细腻，这是山料变成籽料的过渡品种，一般来说块头较大。

籽料是指产于河床里的玉料，主要产地为玉龙喀什河（又名白玉河）和喀拉喀什河（又名墨玉河）。籽料的形成与山流水料一样，只是被河水

左为近代和田玉挂件，右为近代青海料玉牌

冲刷浸泡的时间更长，主要分布在河床里，或裸露或埋于地下。籽料的特点是块头小、完全没有棱角、呈鹅卵形、表面光滑细腻，由于长时间受到河水浸泡、冲刷，质地特别细腻滋润，油性佳，密度极高，属和田玉料中最上等的玉材。

青海料

青海料是出自青海省格尔木地区的玉种，从地质结构上来说，青海料的成分与新疆和田玉的成分基本上是相同的，依据中国国家标准判定，只要是阿尔金山出产的软玉都可称为和田玉。

正因如此，目前有许多商家都将青海料冠上和田玉之名贩卖，甚至还能附上国家鉴定证书。但事实上，青海料与和田玉仍是有差别的。

青海料的最大特点就是透，比和田玉的透明度更高，结构和密度较为疏松，韧性低，内部常有透明水线。手感上，青海料比和田玉稍粗，缺乏和田玉特有的柔和凝脂感。由于密度较低，青海料很容易受环境影响，经过长期把玩后，人体的汗液与油脂容易沁入，导致原本洁白的玉质逐渐偏灰、偏暗，这也是青海料不如和田玉的重要原因。

俄料

俄料就是俄罗斯玉，本是产自俄罗斯贝加尔湖区的玉种，其中含有极高的白云质大理石成分，因此在外观上，白度比和田玉略胜一筹。在注重玉料白度的我国大陆市场上，俄料备

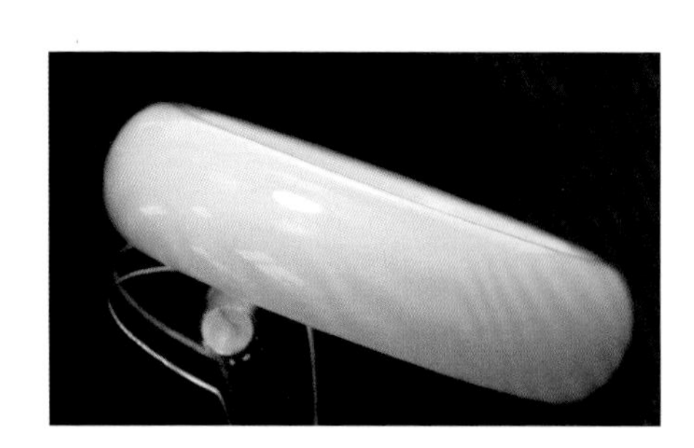

近代俄料手镯

受商家推崇吹捧。

好的俄料油性佳、白度好，但有个类似青海料的缺点，就是越把玩料子越干、润度越差，因此常有不良商家将浸过油的俄料冒充上等的和田羊脂白玉贩卖，即使是经验老到的行家也很难当场判断真伪。

事实上，由于新疆当地已多年没有开采出上等的山料，目前出产的新疆玉料，质量都不如上等的俄料，所以现在市场上八成以上的白玉成品都是俄料白玉，再加上商家刻意炒作，上等俄料的价格近几年突然暴涨，甚至直逼和田玉。

岫岩玉

岫岩玉又称岫玉，产自辽宁省鞍山市岫岩满族自治县，主要产地在哈达碑镇，国际上称之为新山玉。岫岩玉的学名为蛇纹石，硬度低，为 2.5 ~ 5.5，水头好，但质地较软，呈现半透明状，带有蜡状油脂光泽，手感比和田玉轻许多。

在许多出土的玉器中，也常见以岫岩玉制作的各式玉器，河南安阳殷墟妇好墓出土的大量古玉器中，经专家鉴定后，有 40 多件取材于岫岩玉，主要作为配饰用。1986 年，河北满城汉墓中出土的两套金缕玉衣，经鉴定，所用的玉片多为岫岩玉，这说明岫岩玉的开发在汉代已有相当规模，并被王室大量采用。在和田玉尚未普及的年代，可塑性强的岫岩玉，可说是孕育我国玉雕工艺的历史根基。

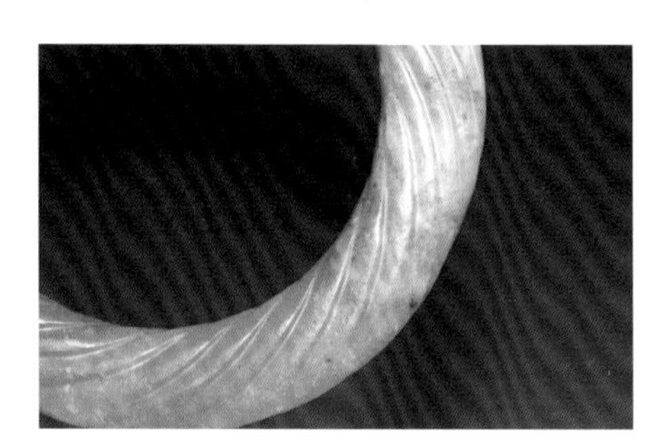

汉代岫岩玉扭绳纹玉环

辨玉：从形制、纹饰到雕工

玉不琢，不成器；人不学，不知道。

——《礼记·学记》

古玉的断代和鉴定，是一门令古今收藏家都头疼不已，却又乐此不疲的深厚学问，不同于珠宝鉴定，古玉无法单纯地通过仪器来判断真伪，即使科技进步至今，质谱仪可准确地分析出玉材本身的化学成分或生成年份，却也无法断定这件玉器是在哪个时代雕制而成的。

这也是为什么至今仍未有类似美国宝石学院（GIA）等宝石鉴定机构，可核发具有公信力的古玉鉴定证书。正因如此，收藏家必须从各种客观的方面，来培养自我判断的鉴定功力。一般来说，判别古玉年代可从形制、纹饰、皮壳包浆及琢玉痕迹四个方面着手。

形制：玉器有各种用途

形制就是玉器的用途，在数千年的玉器工艺发展过程中，玉器的形制也随着时代的变迁不断地推陈出新。例如，原本作为提弓射箭时保护手指用的玉扳指，为满足装饰美感上的需求而演变为韘形佩，再逐渐进化成各式随身佩戴的玉佩。形制的演变过程，记录着生活环境的变迁，真实地体现了当时的文化特色。因此，要判断一件玉器的年代，最直接的方式，就是先了解其形制上的时代风格。

礼器

礼器是玉器最初的形制，玉制礼器的使用可追溯至新石器时代，当时的部落酋长祭祀神祇时，所用的便是玉制礼器；除了拜神敬天外，玉制礼器也象征着能与诸神沟通的特殊权力。

据《周礼》记载，周代的玉制礼器分为三大类，第一类为瑞玉，也是王权的信物，瑞的形制有两种：一种是圭，一种是璧。圭是王、公、侯、伯的瑞器，璧是子、男的瑞器，其中最主要的6种瑞玉被称为“六瑞”，即镇圭、桓圭、信圭、躬圭、谷璧与蒲璧，以天子所持的镇圭为首，各自代表着封建时代6种不同的身份地位。

第二类是祭器，是周天子祭祀天地四方之神所用的玉器，据《周礼·春官·大宗伯》记载：“以玉作六器，

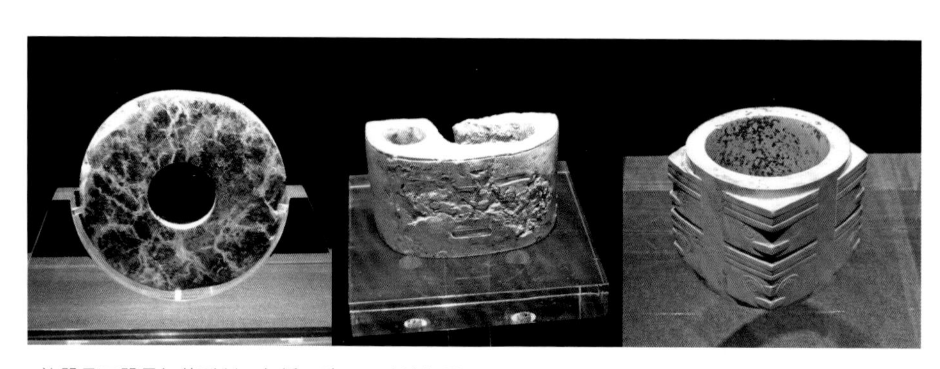

礼器是玉器最初的形制，包括玉璧、玉琮等祭器。上图由左至右为良渚文化的玉璧、玉带钩和玉琮

以礼天地四方；以苍璧礼天，以黄琮礼地，以青圭礼东方，以赤璋礼南方，以白琥礼西方，以玄璜礼北方。”这六种最重要的祭器，称为“六器”。

第三类玉制礼器，是朝廷分发给各驻外官员辨识身份用的符节玉，郑玄注《周礼·地官·掌节》记载：“邦节者，珍圭、牙璋、谷圭、琬圭、琰圭也。”自周代开始，历代的封建王朝皆沿用西周的玉制礼器形制，随着时代变迁，玉制礼器的形制逐渐演变为装饰玉和赏玩玉。

酒食器

酒食器是常见的实用玉器形制，在外形上，一般皆以夏商周三代的青铜器为样本。用玉制作器皿始于商代，在工具尚未发达的当时，以玉制作器皿的工艺复杂，费时费力又相当耗费材料，因此商代流传下来的玉制器皿数量不多，妇好墓出土的玉簋是目前考古纪录中年代最早的玉制器皿。

战汉开始流行使用玉杯，唐宋以后，玉杯、玉碗已被广泛使用，到了明代，玉制器皿成为玉器中最主要的实用器，直至清代，玉制器皿的品种和数量达到鼎盛。玉制器皿的部件繁多，工艺复杂，往往与轧丝、薄胎、内画、活环活链、子母口、刻字等特殊工艺结合，因此对玉材原料的要求很高，需用料质色均一，形状规矩。事实上，当时最好的玉料都是优先用来制作玉制器皿。以种类来看，常见的有玉杯、玉簋、玉壶、玉觯、玉罍、玉觚、玉卣、玉盘等。

玉杯：雅称玉斝，形制多样，如杯体有圆形、方形、多棱形、花朵形等多种形状；有的玉杯无柄，有的玉杯为单柄或双柄。玉杯把柄的式样有花形、螭形等；有的玉杯还配有盏托，造型更显高贵典雅。还有一类玉杯在杯体外有较多的花卉雕刻，纹饰造型多变，统称为“玉镂雕杯”。

玉盘：“嘈嘈切切错杂弹，大珠

小珠落玉盘。”玉盘的形制有两种，一种是战国以前的玉盘，器形仿青铜盘；一种是流行于明清时期的玉盘。青铜盘是天子、诸侯行“沃盥之礼”时使用的盛水之器，外形类似现代人用的盆，在当时，以玉为材料来仿制青铜盘，制作难度甚高，因此玉盘在历代的玉器文物中皆属罕见。而流行于明清时期的玉盘，器形不再像盆，而是以敞口、浅腹、平底、卧足或矮圈足为特征的盛器，其中最具特色的是富含浓厚西亚风格的痕都斯坦式玉盘。

玉碗：是一种敞口且深的盛食器具，剖面有圆形、椭圆形、斗形、多边形等，一般以圆形玉碗为典型。玉碗在唐代就有，因受材料和制作工艺的限制，数量不是很多。玉碗的制作不同于一般玉器，要采用旋坯法，制作过程中有很大风险，一不小心就容易报废。明清时期，玉碗制作工艺成熟，数量就较多了。有些玉碗是西亚风格的痕都斯坦式，做工格外精细；有些玉碗是陈设性的，在玉碗的外侧有很多的雕刻。

玉簋：簋是古代盛放黍、稻、粱等熟饭食的容器。与鼎一样，簋同样是当时礼仪等级制度的重要象征，周礼规定，天子享用九鼎八簋，诸侯享用七鼎六簋，大夫享用五鼎四簋，不能随意使用。在青铜礼器中，簋的地位仅次于尊，与鼎配套使用。玉簋比铜簋更珍贵，《尚书·洪范篇》记载：“惟辟作福，惟辟作威，惟辟玉食。臣无有作福作威玉食。”“辟”指王，意思是只有皇帝可以作威作福，才能锦衣玉食，而玉簋就是“玉食”的具体表现。商代只有妇好墓出土过两件青玉簋，外形饱满，精雕细琢，颇为罕见。

玉酒器：玉觚是常见的饮酒器，最初用于祭祀和礼器，造型仿照古代青铜觚形酒器，基本形制为广口、束腰、长身，口和足部似喇叭状。玉觚后来演变为花插，明清时期已成为常见的佛前供器。玉觯也是仿青铜器的造型，古时将觯与爵、角、觚、斝并称为“五爵”。觯形似尊但小，广口；角形似爵，但口的两端尖锐。卣是盛

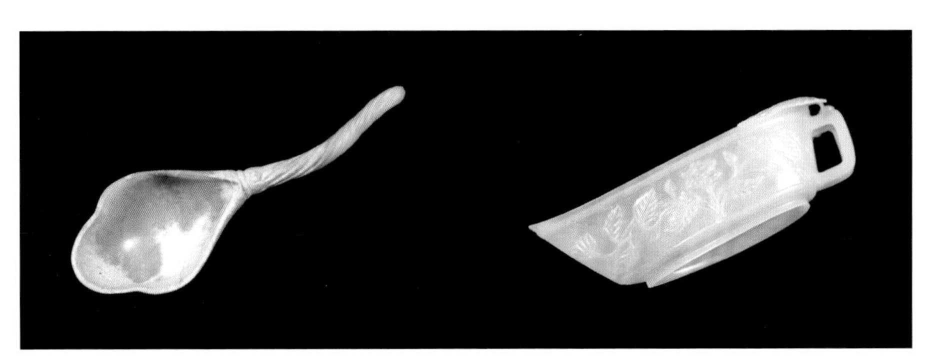

玉器形制有取材自实用型的酒食器，如上图的唐代玉匙和清代痕都斯坦玉杯

高级香酒的酒具，宋人取名为卣，沿用至今。卣的基本形制为瓜形，圆口或椭圆形口，深腹、圈足、有盖、有提梁，西周时简化成圆筒形。玉角是温酒用的玉器，形似爵，无柱，原是用兽角雕成的酒器，后用青铜仿造也叫“角”。

饰品

玉制饰品是指与服装配套使用的佩件，常见的有帽正、翎管、玉带板、玉带钩、玉带扣及玉提携等，均有特定的用途。

帽正：又称帽花，是缝在帽子上的玉饰，除了装饰功能外，还可让人分清楚帽子的正面位置，避免将帽子戴歪，故名帽正。帽正一般为扁圆形，最初为素面玉饰，至明清时期，样式开始多变，常见浮雕的花鸟、螭龙等吉祥纹饰。

玉翎管：是清代官帽顶上的饰物。顶戴花翎是清代官服上用来分辨级别的标志，花翎是孔雀尾部的翎羽，文官依官级分为黄翎、蓝翎、花翎，武官则用雕翎、雁翎；按其品别，又有单眼、双眼、三眼之分。玉翎管是一端略粗的圆柱形玉器，作用是安插翎枝，其顶部凸起处钻有一横孔，由此孔穿线缝于帽顶上，圆柱下的中空处则用来插入花翎。

玉带板：是指由玉板和铊尾组成的整套玉饰。唐代以来，官服实行大带制，公服大带上的饰物和材质都有规定，以区别官职高低。历代的玉带板在做工和纹饰上都不尽相同，可从中看出明显的时代特征。

玉带钩：是用来收拢腰带的一种玉钩头，在一块玉料上做出钩首、钩体和钩纽三部分。带钩是我国北方少数民族发明的，春秋时期传入中原，其形制是一端曲首，背有圆纽。最初的玉带钩有棒形、竹节形、琴面形、圆形和兽形小带钩，还有在金属带钩上嵌绿松石和玉饰的。之后因弯钩形态多做成螭首（螭是无角的龙），故又名龙首带钩。玉带钩盛行于战国至

左为清代牡丹白玉帽正，右为清代多子多孙（石榴）白玉带板

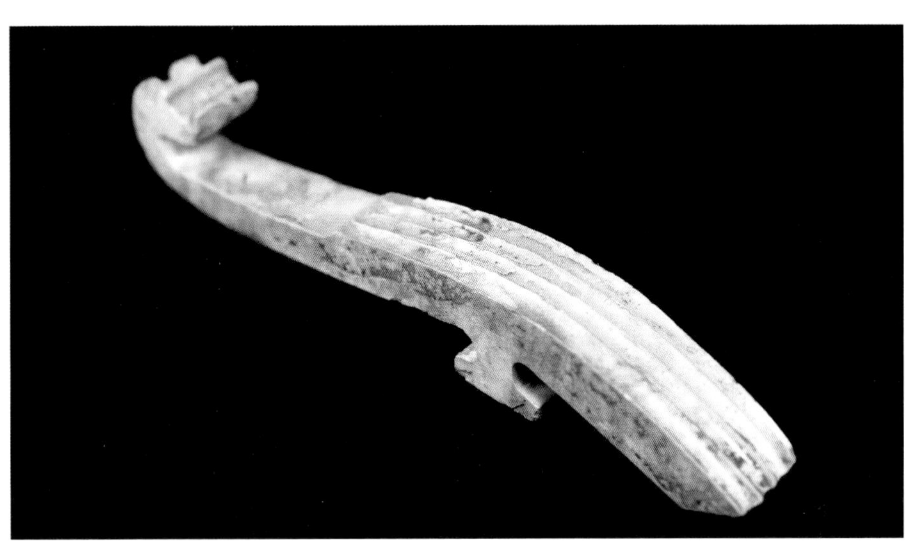

战国龙首玉带钩

汉代，后来的各个朝代皆有制作，并广泛使用。

玉带扣：是一种束腰带的用具，又名钩搭子，与玉带钩不同，是由分离的两部分组成的，一部分是伸出的螭首钩，另一部分是突出的承受钩的扣环。每部分又分上下两层，下层是底板，雕有穿带环；上层雕成玲珑剔透的螭龙，有钩和环扣。在两块玉的正面还有浮雕或镂雕纹饰。翡翠带扣的使用始于清代中期，王公大臣以在腰间有一满绿的翠带钩束为荣。

玉提携：类似于现在腰带上的挂扣，使用方式是将皮带穿过其中后，下方的挂钩可悬吊佩剑或随身物品。玉提携有长方形、椭圆形、花形、荷叶形等样式，束带较厚，两侧有一扁通孔，束带可从通孔中穿过。多数玉束带的正面边缘呈齿状或小连弧状，侧面有平行的横棱；有些玉束带下部带有长而宽的玉环，以供悬挂物件。明代玉提携较宋元时期小而精细，有

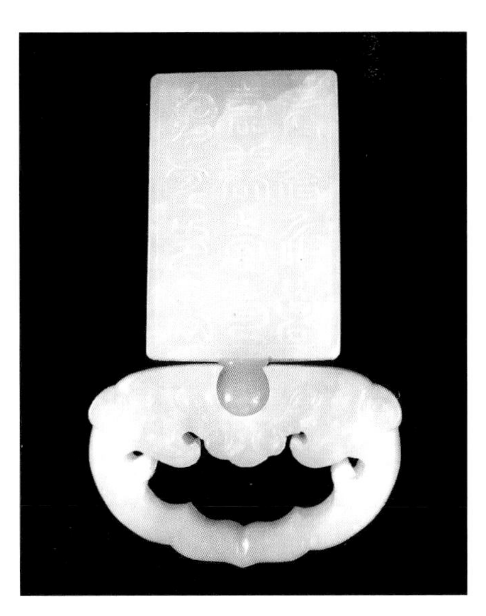

清代玉提携

活环和死环两种。

摆件

玉雕摆件具有雕刻艺术品特征，一般摆放在室内欣赏。由于大件原料取得不易，因此玉雕摆件在明代以前不多，直至明清时期新疆一带玉矿开采，玉雕摆件才有重大发展。玉雕摆件的表现形式主要有：玉山子、玉座屏、玉人物摆件、玉兽摆件等。

玉山子：又叫山子，是玉雕摆件重要的表现形式之一。玉山子的造型特点是：在保持玉石料原形的基础上，按照“丈山尺树，寸马分人”的构图法则来表现自然景物、人文景观或历史场景，或浮雕或深雕，使山水、树木、楼台、飞禽、人物等构成远、中、近景的交替变化，以取得玉料、题材、工艺的统一。清代玉山子的工艺成就最高，大型玉山子可达数吨重，高度可达 2 米，非常壮观，是清代独有的品种，大部分产于扬州。小型的玉山子数十厘米，以白玉和翡翠为主，做工细腻精巧，有沉静典雅的书卷气，常用作案头摆设。

玉雕座屏：又叫玉插牌，是玉雕摆件的重要表现形式之一。插牌始见于汉代，明清时期尤为盛行，以大块玉板料为屏心，其上有浮雕的山水人物，再装在硬木屏座上，是一种陈设玉器。由于大块玉板料也是罕见之物，因此玉座屏属名贵罕见的器物，选料则以青玉、碧玉居多，少数精品可见白玉和翡翠。

玉人物摆件：是以人物造型为主的玉件，表现形式以圆雕为主，题材有仙佛等神话人物、仕女、老人、小孩、历史人物等。明代以前，圆雕玉人物摆件较少，多为人物造型的玉坠饰，直到明清时才多了起来。由于人物摆件采用圆雕形式，对人物的比例、姿势、脸部的刻画、人物的神态及故事情节有更高的要求，因此一般都选用质地细腻、颜色均匀且沉稳润泽的白玉、青白玉等高档玉料，青玉、碧玉、玛瑙也是玉人物摆件的主要玉料

唐代玉象

唐代玉马

之一。

玉兽摆件：也是以圆雕为主的陈设物，一般按题材分为祥禽瑞兽和写实玉兽两大类。祥禽瑞兽玉摆件是现代俗称，古代并无此名，指用玉料制作古代传说中有驱邪赐福作用的神兽、神禽，典型作品有龙、凤、狮、麒麟、朱雀等。写实玉兽指用玉料制作成鹅、牛、鹿、象、狗、马、熊等自然界中存在的动物，以真实动物为原型，重其神态与精神，线条简洁有力。

文房用品

常见的玉制文房用具有：笔管、臂搁、墨床、笔洗、镇纸、笔筒等。但其中有许多不是实用品，而是陈设用的赏玩用具。玉制文房用具一般以传世品居多，少有入土用具。

玉笔筒：笔筒是用来盛放毛笔的用具，材质甚多，名贵者或用牙角或用各种玉料制作。玉笔筒可分素面和浮雕两种，其中，浮雕大多是高士图、山水人物，以及与科举高中、升官、长寿有关的吉祥寓意题材，做工非常精细，不仅实用，也是珍贵的案头陈设。常见的玉笔筒多用碧玉制成，用黄玉、白玉等高级玉料制作的玉笔筒较为少见。

玉臂搁：古人写毛笔字从右至左、从上至下，换行时，手腕正好在刚写好的字上，若墨迹没有干透，很容易把衣服弄脏，也容易把刚写的字蹭模糊，文人便发明了臂搁来解决这个恼人的问题。最早的臂搁是用一节竹子剖为两半，抛光后便可使用。使用其他材料制作臂搁比较麻烦，要挖出一个很规整的空间，在当时相当不容易，因此以牙角或玉器为材料的臂搁十分珍贵稀有。

玉墨床：墨床是临时放墨锭的用具。墨锭磨墨后一头会沾有墨汁，为了不让墨汁弄脏纸面，也为了保护墨锭，置墨用的墨床便由此而生。玉墨床一般体积不大，做工相当精致。明代文人喜欢用玉剑彘来充当墨床，因此有人把玉剑彘也称为墨床。常见的玉墨床形状各异，有的做成小几形，有的做成多宝格，有的做成盒形，都有小巧秀美的特点。

玉笔架：笔架是临时搁放毛笔的用具，没有固定的形状，只要能让笔头悬空，同时又能限制笔杆滚动就行。玉笔架多为山字形，在造型纹饰上讲究文人气质，种类繁多。

玉笔洗：笔洗是放在书桌上洗毛

明代秋山款白玉墨床

明代灰玉笔洗

笔的盛水器。古人用毛笔蘸墨写字，墨中有胶，墨汁干掉后笔头会黏住，再用水泡开时，常会损伤笔头的毫毛，因此暂时不用毛笔时，一定要将毛笔洗干净。而绘画时因要时时改变墨和颜料的深浅，也要随时清洗毛笔，所以笔洗是文房中不可缺少的用具。玉笔洗的样式繁多，均为大口或敞口的浅容器，属于实用与陈设兼具的文房用品。

纹饰：每个时代喜好都不同

玉器纹饰的种类和演变，将历史与生活做了最直接的融合。凤纹、龙纹和神人纹在古玉器中所占比重较大，此外还有饕餮纹、谷纹、蒲纹、蚕纹、乳钉纹、回纹、云头纹，以及各种人物、花卉等。

随着时间的推移，纹饰也在不断演变发展，新石器时代多素面，商、西周多龙、饕餮、云雷纹，到了春秋战国时代，玉器上的纹饰逐渐增多，有蒲纹、蚕纹、谷纹、蟠螭纹等多种。

汉代的玉器纹饰中，出现了跳刀、汉八刀等特殊技法。唐代的玉器纹饰借鉴了当时绘画中的线描手法，开始出现缠枝花卉、葵花图案和人物飞天等，其鸟兽纹雕刻得非常精细。宋元时期，纹饰丰富多彩，以龙凤呈祥等吉祥纹饰最常见；此外，仿古蟠螭纹、回纹、乳钉纹与凤凰、牡丹等图案并存。

到了明代，玉器上的纹饰主要有松竹梅纹、云纹、云头纹、龙纹等，缠枝花卉、山水人物等图案也相当盛行。清代是玉器纹饰发展的最高峰，除了许多仿古纹饰外，新创的花鸟、虫草等纹饰丰富多彩，还出现了御题诗和各种铭文。

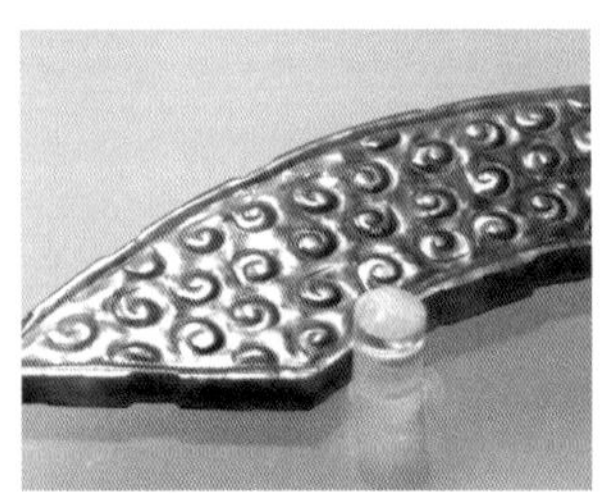

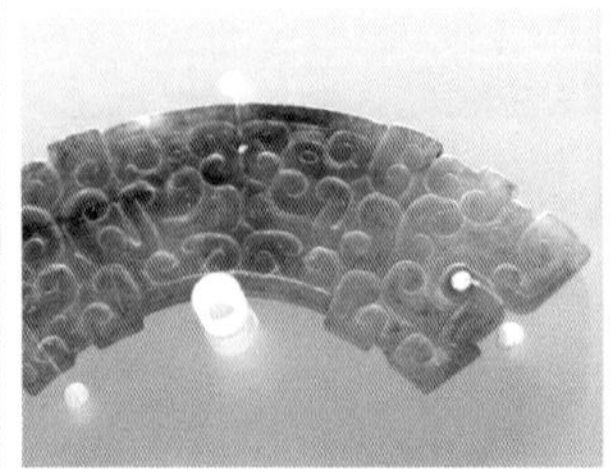

玉器纹饰反映出当时的年代风格，上图由左至右分别为：战国青玉谷纹璜、战国青玉蟠虺纹璜、明代回纹龙形嵌件

明代玉环，表层有明显的风化皮壳

皮壳包浆：判别表面老化痕迹

俗话说："瓷看底，玉看皮。"玉器的皮壳就如同人类的皮肤一样，经过岁月的洗礼后，会在表面留下老化的痕迹。有些人天生丽质，从外表上看不出真实年龄，就像少数质量优良、密度甚高的玉材，能抵抗经年累月的时光摧残。但大多数的玉器和人一样，还是可以由表层的风化痕迹来判别出皮壳老化程度，进而判断玉器的年份。此外，从皮壳上还可以对沁色和工具痕迹进行分析，由此来辨别沁色的真假和做工的新旧。

玉器的皮壳分为生坑皮壳和熟坑皮壳。生坑是指出土后未经过任何清洗处理，玉器表面自然的痕迹，皮壳本身仍旧维持原状，或黏着各种沉积物质，或只留下岁月所催化出来的熟润光泽。

熟坑是指玉器出土后经过长时间收藏把玩，收藏者的皮肤所分泌出的汗水或油脂渗透到玉器的生坑皮壳，使皮壳产生了变化，形成半透明状态的油透感，一般也称之为包浆。质地优良的美玉，由于密度紧实，其包浆温润自然，光亮柔和，俗称玻璃光，与新玉抛光出来的刺眼贼光大有不同，高下立判。

琢玉痕迹：琢玉器具与工艺

所谓"工欲善其事，必先利其

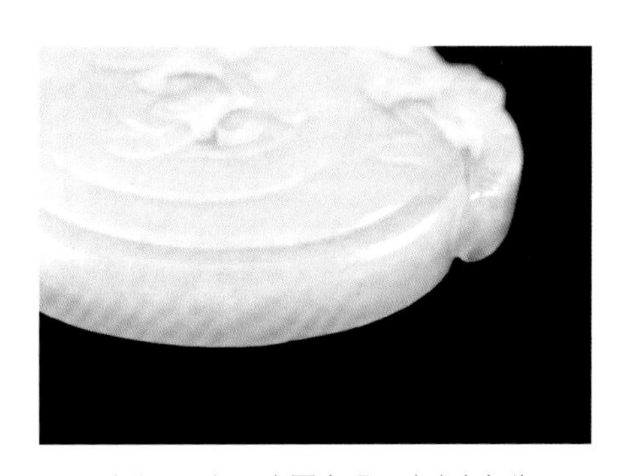
清代子辰佩，表面有明显玻璃光包浆

明代白玉插牌

器”，而要辨识玉的年份，也要了解其制作的工具。玉器的生产是一个非常复杂的工艺过程，每一件玉器的生产，都需经过采玉、取材和琢玉 3 个阶段。

采玉就是获取玉料。在古代，玉料十分稀少，质量好的玉料尤为珍贵。因此，玉器的制作通常采用“量材取料”的方式，也就是根据玉料本身的规格、颜色、瑕疵等特点来取材，以求最大限度地利用玉材原料。

根据器物的设计，对玉料进行加工，利用各种工具及操作工法，将原始玉料按设计要求加工成最终器物，这一过程称为“治玉”，也称琢玉。

琢玉的材料包括水和解玉砂，而琢玉的工具则是各种砣具。砣具由砣和传动装置组成，砣是一种圆形片状

砣具又称水凳，自新石器时代晚期开始便是最重要的琢玉工具，图为仿照古籍重建的砣具样本

明代玉蝴蝶，经火燎后产生灰化现象，并因人工受沁而在表面显现铁锈沁色

物，通过牛筋或皮绳等传动装置旋转起来后，就可提供均匀的摩擦力。熟练的玉工通过砣具的连续转动，再调整玉料的位置，便可随心所欲地琢磨出各种形状的玉器。

砣具又称水凳，早在新石器时代晚期就已出现，此后数千年间，驱动的方式、操作者的姿态、砣的材料都在不断进步，但砣具的基本构造却始终未变。

由于早期的砣轮片较厚，且琢玉工具的转速较慢，因此留下刀缝明显较宽，而线条比较流畅且有力道。古玉沟底呈磨砂状，线条内具有粗糙面及颗粒感，无明显长条形与平行磨痕。

解玉砂又称碾玉砂、邢砂、磨玉夏水砂，是古代琢玉用的矿砂。解玉砂的形态，在清代李澄渊的《玉作图说》中有具体的说明。据史籍所载，解玉砂是由采集来的天然刚玉砂矿和石榴石砂矿，经捣制筛选而成，其中分黑砂、红砂、黄砂，以黑砂的硬度最高，摩氏硬度为 8 ~ 9。《诗经 · 小雅 · 鹤鸣》载："他山之石，可以攻玉。"这里说的"他山之石"，便是指解玉砂的砂矿。

古代琢玉以解玉砂混合其他杂质来抛光，抛光后的糙面会有温润的朴质感。玉皮处的抛光均匀而没有摩擦痕迹，且细部接合处柔润，未抛光处与抛光处反差小。

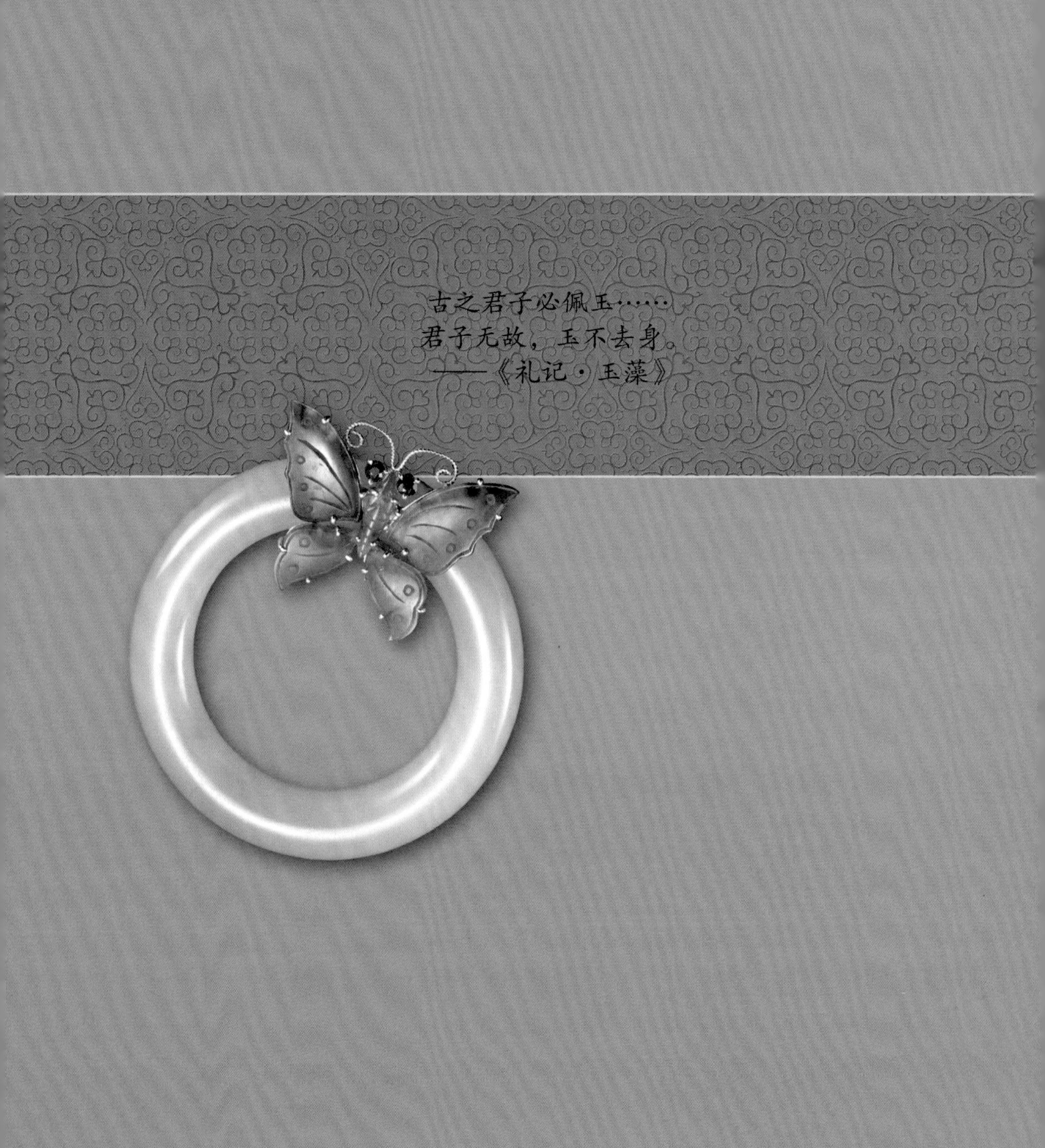
古之君子必佩玉……
君子无故，玉不去身。
——《礼记·玉藻》

乐 玉 辑

精选百件笔者收藏的
明清两代玉器珍品，
其中又以品相雕工俱佳的和田白玉为主。
除了赏玩白玉润白如脂的原有光泽外，
也展现出明清玉匠精湛的工艺技巧。
美丽的玉材、讲究的做工，相得益彰。

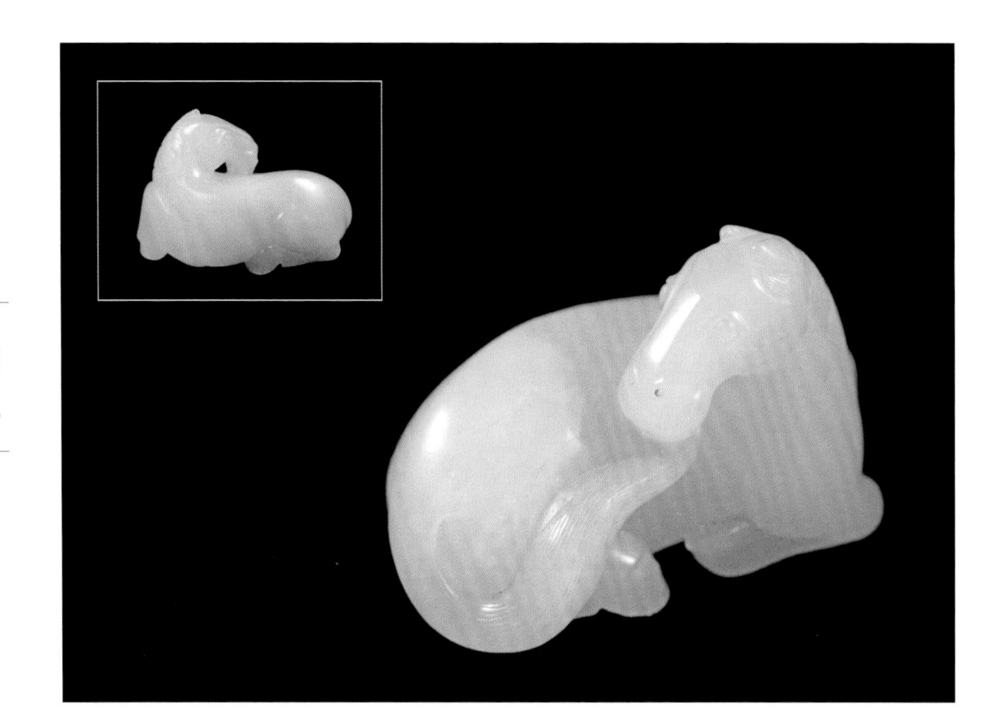

清代和田白玉带皮骏马圆雕

长53毫米，宽28毫米，高36毫米，重28克

“弼马温”是《西游记》中的一个官职，是孙悟空首次被天庭招安后所封，负责掌管天庭的马匹。作者吴承恩会做这样的安排，并非随意杜撰。

第一，“弼马温”与“避马瘟”同音，取其谐音寓意，据《马经》记载，母猴的经血流到马的草料里，马吃了可以避瘟疫。

第二，以猴训马，是古代养马的特殊技巧之一。古人根据经验，认为“人无横财不富，马无夜草不肥”，想要把马匹养得肥壮，就必须让马儿晚上也吃草。因此，便开始有人在马厩里养只好动活泼的猴子与马做伴，马儿在猴子的搅扰之下，不但有了适当的运动，又常吃夜草而营养充足，身体自然壮实健康，不易生病。

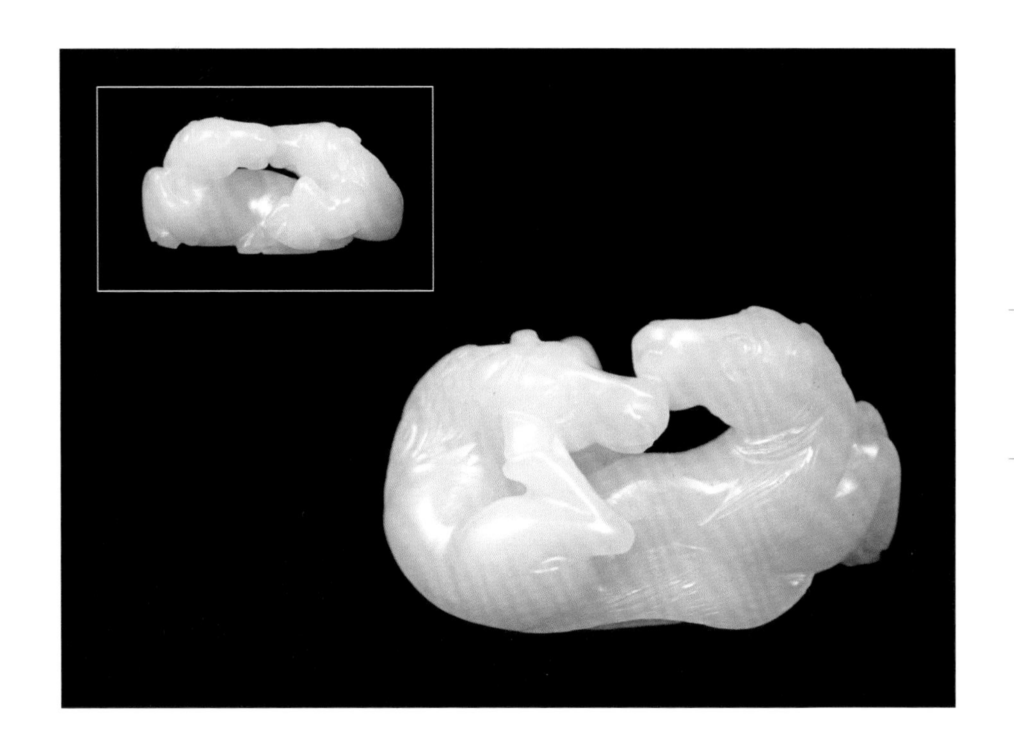

清代和田白玉双骏马圆雕

长46毫米，宽25毫米，高22毫米，重24克

古人常用“千里马”来比喻人才，千里马是日行千里的优质骏马，也寓意马到成功、飞黄腾达，双骏并排则象征和谐、和睦。

国画中常见的“八骏马”是有历史渊源的。相传西周第五代天子周穆王有8匹骏马，供他巡游天下，这8匹骏马分别为：脚不落地可腾空而飞的“绝地”、跑起来比飞鸟还快的“翻羽”、可夜行万里的“奔霄”、能追着太阳飞奔的“越影”、毛色灿烂的“踰辉”、一个马身有10个影子的“超光”、可驾着云雾飞奔的“腾雾”，以及身上长有翅膀，可像大鹏般展翅翱翔九万里的“挟翼”。

本件圆雕主题为双骏马，玉质白皙油润，巧匠运用妙手生花的雕工，将双马互相依偎的形态刻画得栩栩如生，技艺纯熟，功力不凡。

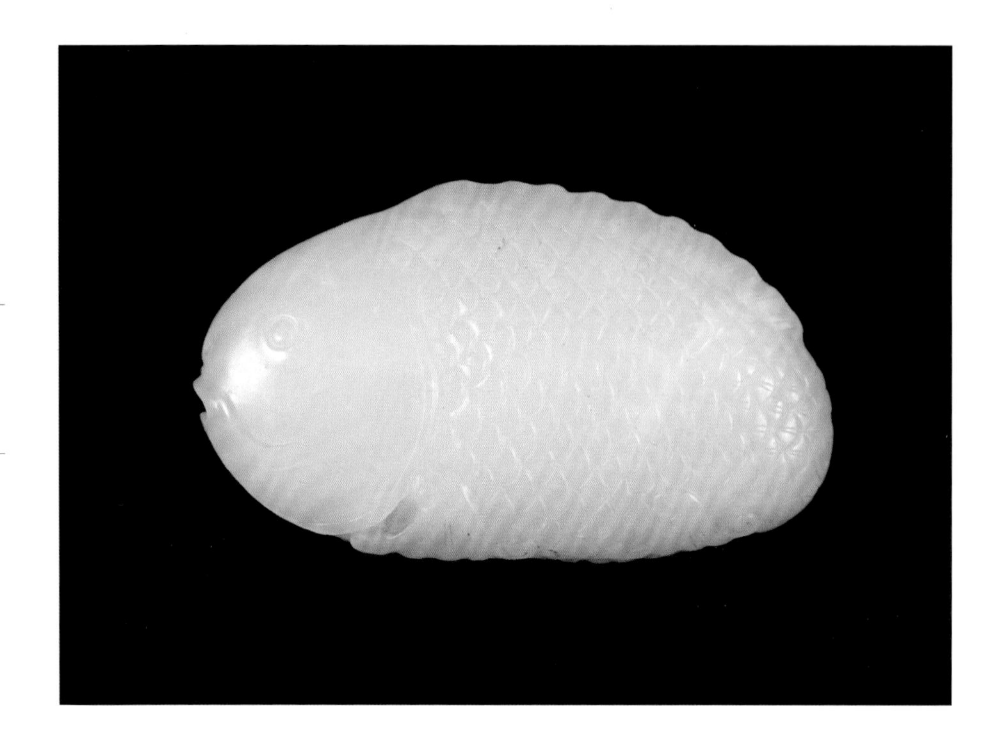

清代和田白玉鲤鱼圆雕

长85毫米，宽42毫米，厚32毫米，重96克

鱼的形象，在7 000多年的中国玉雕艺术中有着举足轻重的地位。从远古时代起，鱼就和人类的日常生活息息相关，是人们赖以生存的重要食物。

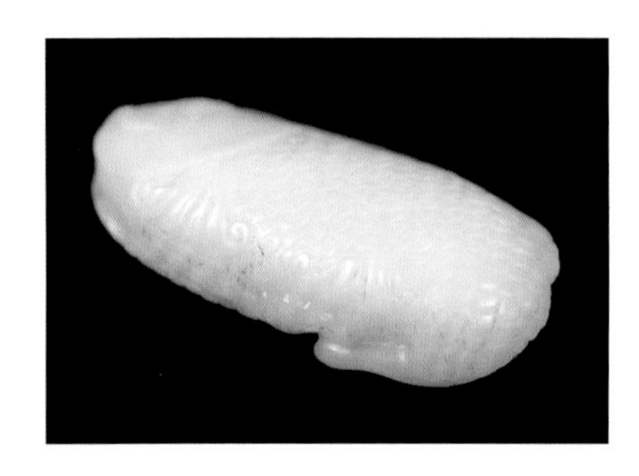

如今，鱼仍是我们餐桌上的佳肴美馔，一餐之中只要有鱼，便觉富足而丰盛。

讲寓意、求好彩头是中国人的一大传统，与“余”“裕”谐音的鱼，自然成了一种吉祥图腾，融入了书画、瓷器、玉器的创作，传递着对生活能富足有余的期许与冀求。玉雕中的鱼种类繁多，鳜鱼、鲤鱼、鲶鱼等都是常见的题材。

本件玉鲤鱼玉质白皙，器形圆润，造型朴实可爱，握感极佳，可把玩也可置于案上作为镇纸使用。

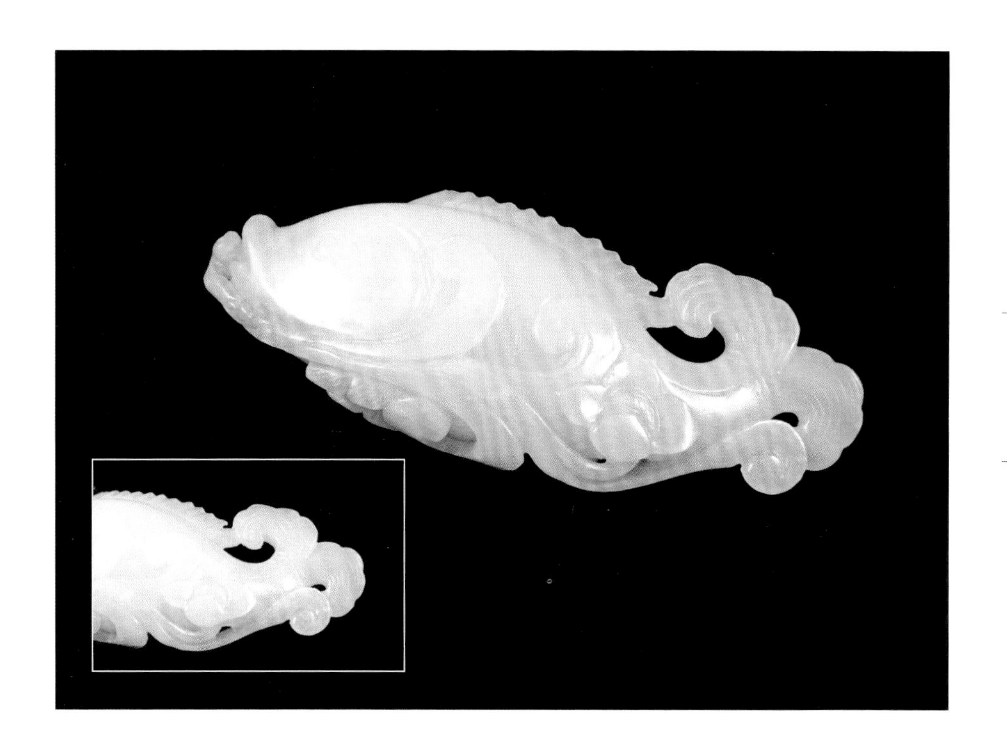

清代和田白玉摩羯鱼圆雕

长85毫米，宽35毫米，厚28毫米，重78克

摩羯鱼是佛教传说中，生活在古印度恒河的一种神鱼，龙首鱼身，也被称为“鱼化龙”。其地位类似中国的河神，也是财神，还被赋予掌管及保护佛教文物的工作。

大藏经《一切经音义》卷四十中记载：“摩羯者，梵语也。海中大鱼，吞噬一切。”而唐玄奘在《大唐西域记》卷八中，亦有记述名为“摩羯”的大鱼，书中描述摩羯鱼的体形如山一般大，巨大的双眼就像太阳，“崇崖峻岭，须鬣也；两日联晖，眼光也”。

隋唐至元，常以摩羯鱼作为纹饰，其中以唐辽金银器和宋代耀州窑瓷器最多，而以玉雕琢的摩羯玉鱼更属稀有珍品。

本件圆雕玉鱼玉质洁白莹润，器形浑厚有致，造型生动活泼，纹饰刻工细致繁复，抛光技术精湛，可说是无懈可击的一件圆雕精品。

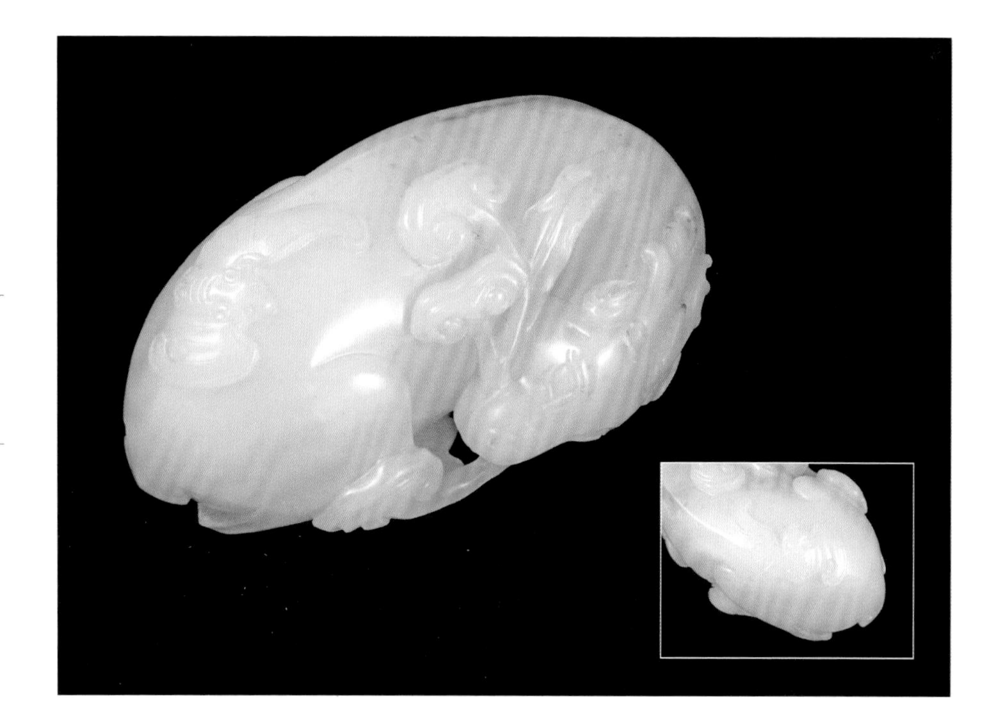

明代白玉卧鹿衔芝圆雕摆件

长94毫米，宽52毫米，高36毫米，重266克

“鹿”与“禄”同音，一向被视为象征吉祥的瑞兽，除了运用在绘画、雕塑中外，也常见于诗词之中。如宋人白麟的《峨眉》：“四海佛宫阙，三峨不待夸。山深龙听法，野迥鹿衔花。”据《大岳太和山志》记载，武当山常有毛冠鹿、小麂等鹿类出没，鹿吃饱后便会衔着六色花枝在树林中奔跑、追逐、嬉戏。此即武当山著名的动八景之一：梅鹿衔花。

此外，浙江省的沿海港口城市温州，古名是鹿城，历史上以商贾闻名于世，经济发达、市场兴旺。相传东晋筑城时，有一头极具灵性的白鹿衔花疾奔而来，把花吐在城墙上后就化作一团彩云冉冉飞入天际，而白鹿跑过的地方则一片鸟语花香。人们为讨吉利，便称温州为白鹿城或鹿城。

白鹿口衔灵芝是常见的吉兆象征，而白鹿背上还有一只蝙蝠，代表福禄寿兼具。此件作品天生油润，玉料实属上乘，而工艺质朴讨喜。

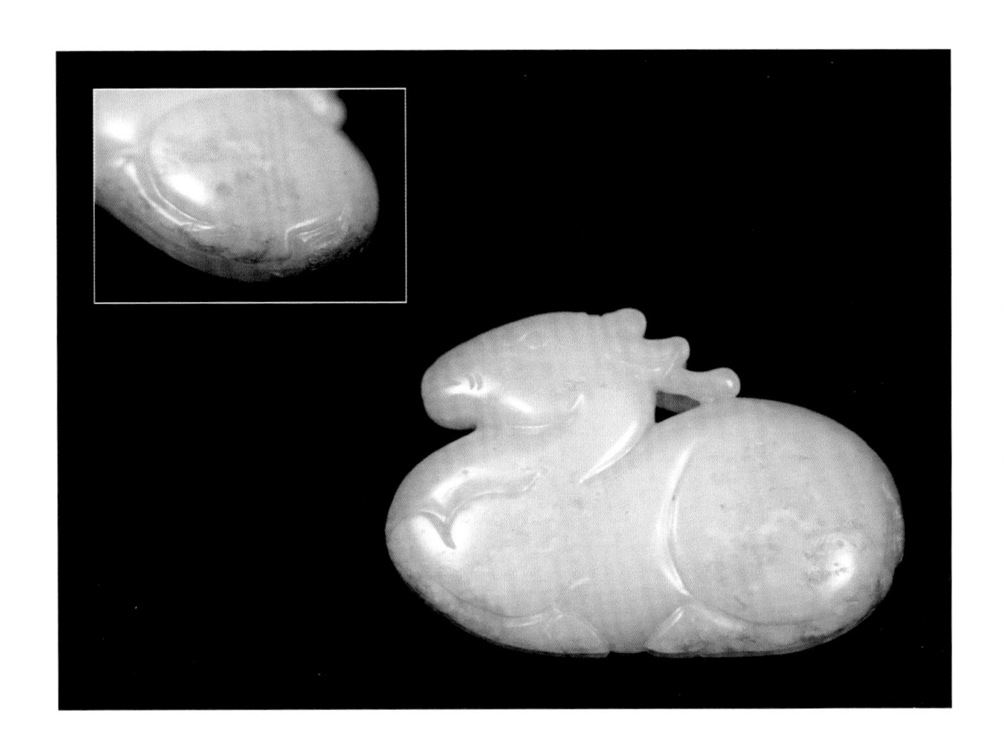

明代和田玉鹿圆雕

长45毫米，高28毫米，厚2毫米，重32克

鹿的图腾含意，一般泛指“福禄寿”三星中的“禄星”。禄星又称子星、跳加官，位于北斗七星的正前方，据《史记·天官书》记载，北斗七星正前方这6颗星统称为文昌宫，其中最末一位就是主管官禄的禄星。禄星的化身众说纷纭，一说是东晋的张育，即人们熟知的文昌帝君。

文昌帝君又称梓潼帝君，是保佑官运与考运的神祇。东晋时期，张育自称蜀王，起兵对抗前秦苻坚，不敌而亡，当地人认为张育是梓潼神“亚子”的转世化身，故称其“张亚子”。到了宋代，禄星又成了助人得子的送子神张仙。在明朝初年的戏剧中，已开始出现“禄星抱子下凡尘”的歌词。

此玉鹿圆雕质地温厚丰润，大巧不工，胸部和尾部略微受沁，是味道十足的一件把玩珍品。

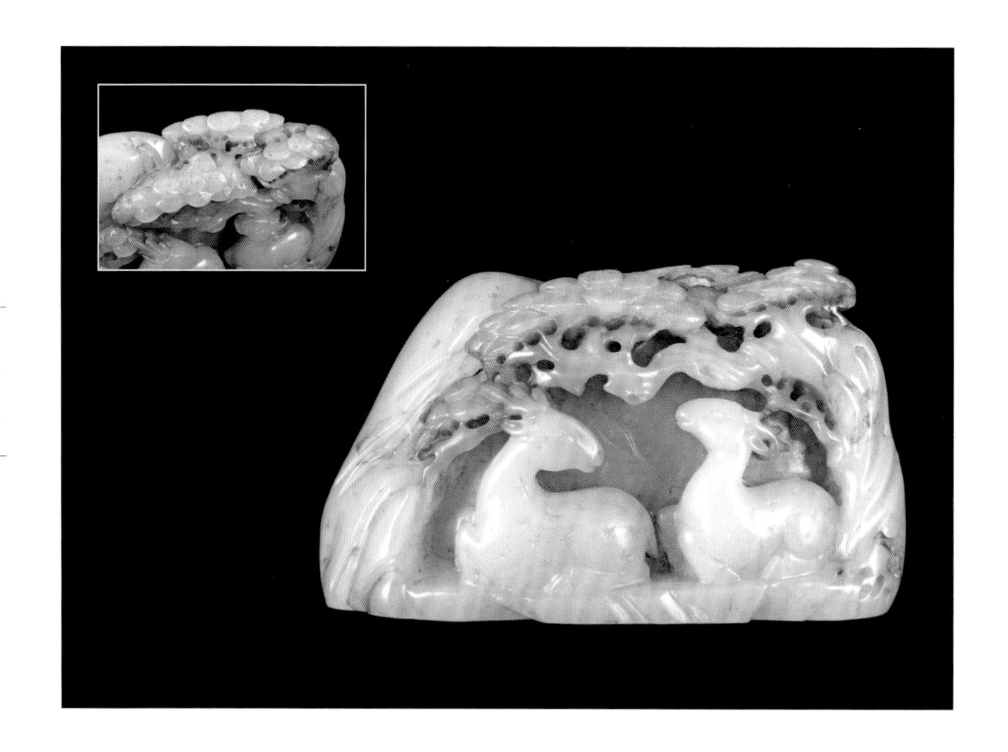

明代玉松鹿山子摆件

长96毫米，高55毫米，厚25毫米，重182克

玉山子是中国古代玉器中非常独特的一种形制。山子所选料件较大，一般都是因材施工，根据玉本身的形状雕琢山水、人物等立体景观。

玉山子上面的圆雕山林景观，在制作前必须先绘制平面图，再进行雕琢，因而又常以图命名。一般以山林、人物、动物、飞鸟、流水等主题为多，层次分明，形态各异。这种山林景观的雕刻，从取景、布局到层次排列，都和中国传统山水画的原理一致。

此件玉松鹿山子摆件，雕有蝙蝠（取“福”意）、鹿（取“禄”意）及松柏（代表长寿）。由于山子是采用整块玉材雕琢而成，玉材选择往往重量而轻质，像此件取上等白玉制作的玉山子实属少之又少，极为罕见。

这件巧夺天工的玉山子中，集合浮雕、圆雕、透雕、线刻、抛光等诸多技法于一身，我们可以清楚地看到，中国的玉雕技法已达到了无巧不施、无工不精的境界。

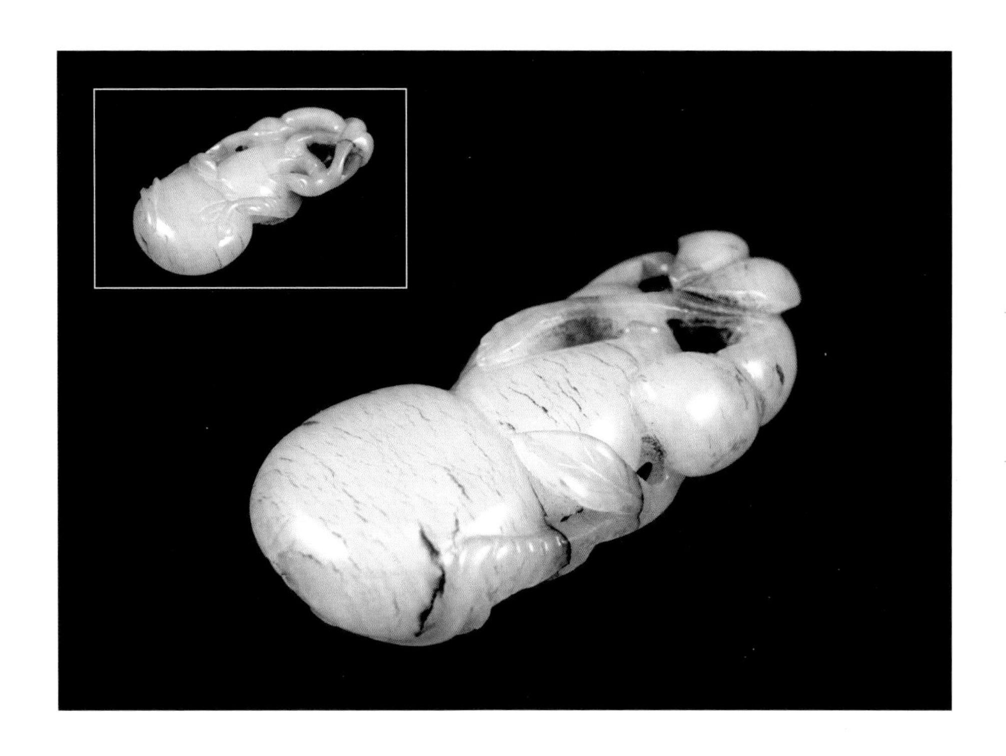

明代牛毛沁白玉葫芦圆雕

长65毫米，宽30毫米，厚11毫米，重37克

葫芦是我国自古以来最受欢迎的吉祥纹饰之一，葫芦二字与“福禄”发音相近，常用于祝寿。

另外，还有所谓的仙家八宝（即八仙各自持有的护身法宝）：葫芦、鱼鼓、宝剑、花篮、笊篱（何仙姑手上拿的不是荷花，而是用竹篾或柳条编织成的长柄漏勺）、扇子、阴阳板、横笛这 8 件宝器，此八宝纹饰也常见于刺绣及各式器具上。

在古代，新婚夫妻入洞房时，必须合饮一杯合卺酒，也就是现在俗称的交杯酒。这种习俗始于周代，其中的“卺”即指葫芦，合卺是将葫芦剖为两半，将酒注入其中，新娘、新郎各饮一卺，寓意夫妻百年后灵魂可合为一体。

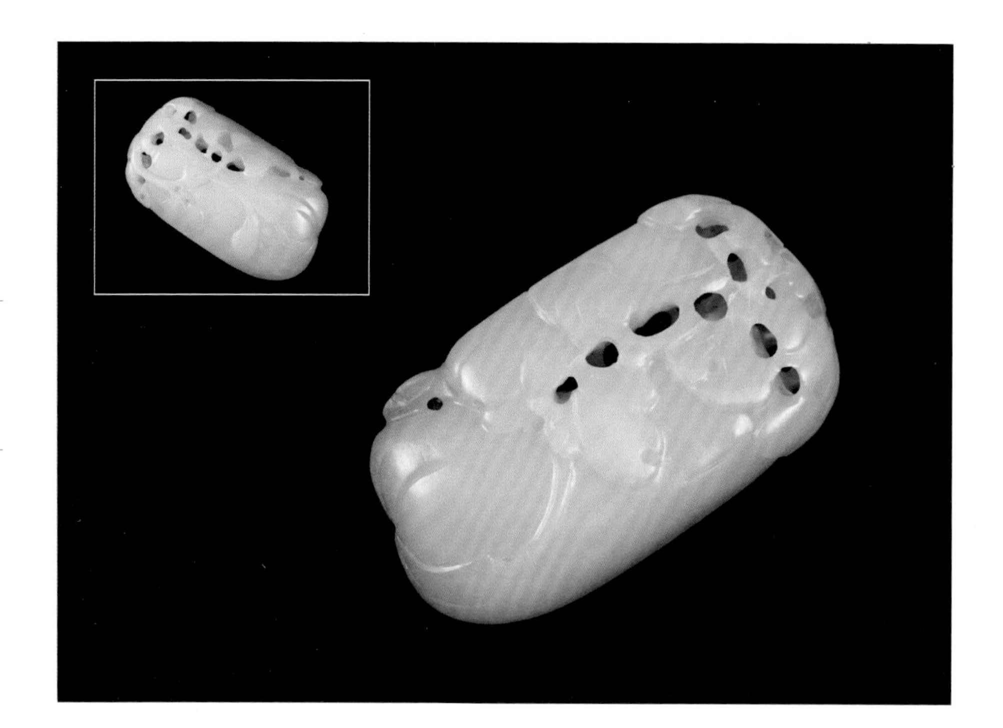

明代和田白玉瓜瓞绵绵圆雕

长61毫米，宽33毫米，厚14毫米，重54克

瓜瓞绵绵为传统的吉祥图案之一，出自《诗经·大雅·绵》："绵绵瓜瓞，民之初生，自土沮漆。"瓞指小瓜，沮漆指沮水和漆水。

瓜瓞绵绵是指连绵不断的瓜藤上结了大大小小的瓜，原来是形容周朝的祖先像瓜瓞一样，历代传继，奠定了王业的基础。后来，用以祝福子孙昌盛，代代绵延不绝。

由于"瓞"与"蝶"同音，瓜的果实多籽，民间便常以蝴蝶和瓜的图案，搭配藤蔓或花卉，组成"瓜瓞绵绵"的图腾纹样，寓意子孙昌盛，事业兴旺。

本件瓜瓞绵绵圆雕玉质偏青，瓜蒂处略带皮色，整体造型饱满厚实，细部雕工灵巧雅致，把玩起来握感十足，十分讨喜。

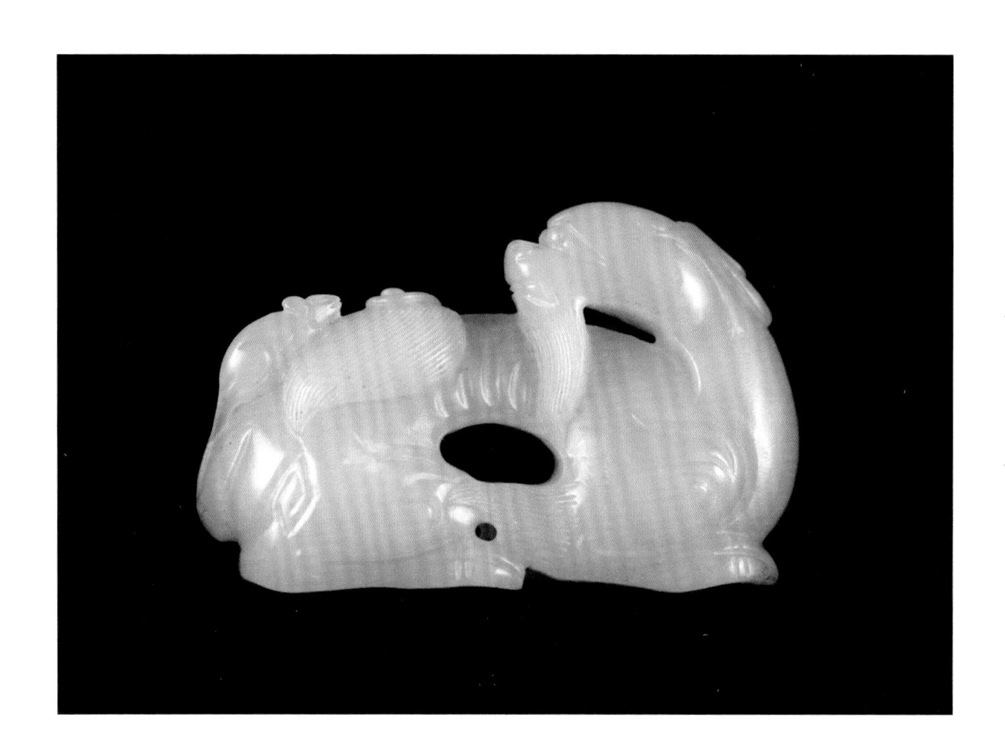

清代和田白玉麒麟送子圆雕

长65毫米，高40毫米，厚18毫米，重63克

麒麟送子的传说，与孔夫子的诞生有关。孔子的父亲孔纥与正室施氏育有九女，而妾生的儿子孔孟皮患有先天足疾，无法继承家业，于是孔纥70多岁高龄又纳了一妾颜征，希望能再添一子。

某天夜里，忽有一头麒麟漫步至孔家大宅，不慌不忙地从嘴中吐出一方帛书，上面写着："水精之子孙，衰周而素王，徵在贤明。"第二天，麒麟消失后，孔纥家竟传出一阵响亮的婴儿啼哭声，天纵之圣孔丘诞生了。此后，民间便常用"麒麟送子"的图腾来祈求子嗣。

本件圆雕以麒麟尾端的一只小老鼠（鼠为子时）作为隐喻，是麒麟送子的另一种表现。玉工整体大气有度，玉质白皙滢润，是质工兼备的佳作。

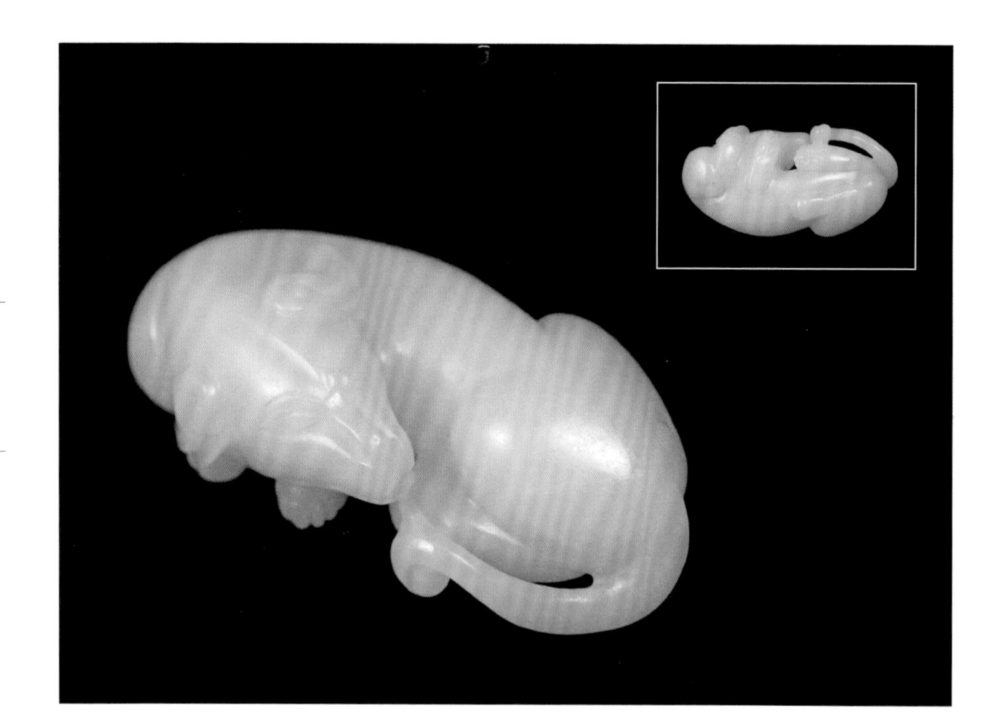

明代和田白玉卧犬圆雕

长74毫米，宽33毫米，厚20毫米，重62克

“天狗”是传说中的一种动物，头部布满白毛，外形像狐狸，最早记载于《山海经》中，原本是一种有御凶神力的瑞兽，后来却演变成凶星的称谓。古人认为天狗星现是灾祸兵乱的前兆，而日蚀、月蚀等天文现象，则被附会为“天狗食日”“天狗食月”的凶兆，必须敲锣打鼓或放鞭炮来吓走天狗。

民间还流传着“张仙射天狗”的故事。据说天狗会在漆黑的晚上顺着烟囱钻进民宅，吓唬孩子并传播天花，还会阻挡天上星宿下凡投胎或盗吃孕妇肚内的胎儿，幸好有送子神张仙挽弓挟弹，随时驱除凶狠的天狗，才让凡间的人们可以顺利获子，孩童得以平安长大。

本件白玉卧犬圆雕，玉质晶莹油润，雕工细致，神形俱佳，而玉犬身上雕有肋骨纹路，是明代独有的特色。

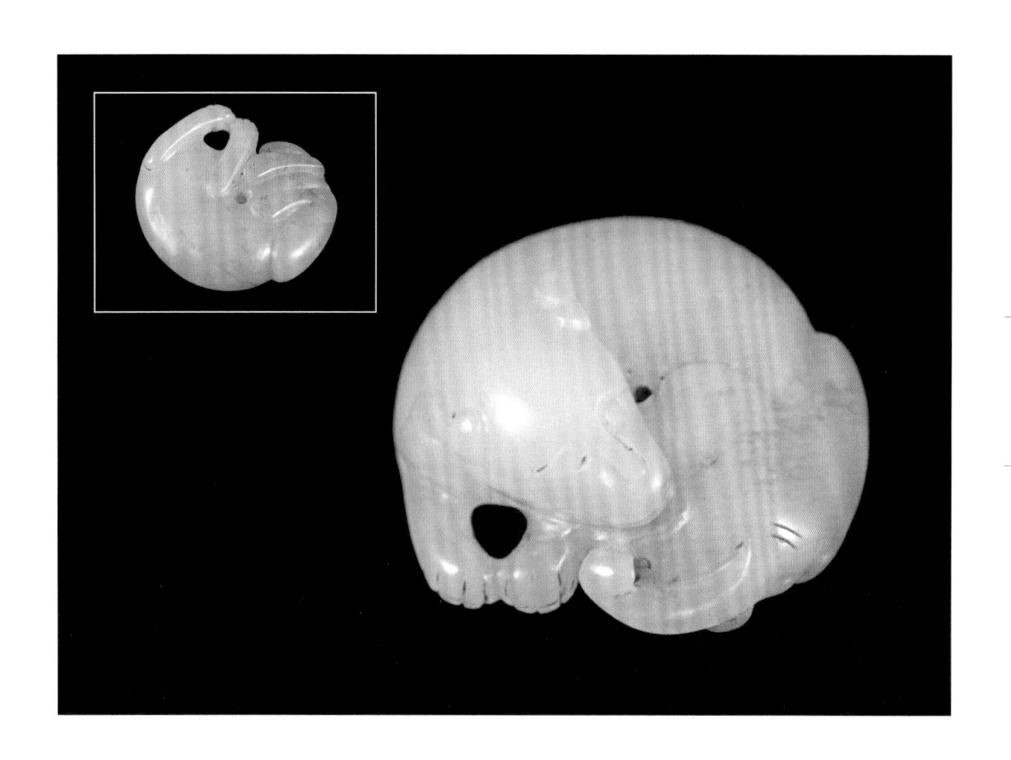

清末和田白玉带皮玉犬

长38毫米，宽20毫米，厚10毫米，重34克

自古以来，中国人就视狗为“至阳之畜”，为吉祥动物之一，如明代李时珍的《本草纲目》就提到：“术家以犬为地厌，能禳辟一切邪魅妖术。”在民间，若家里突然跑来一只狗，则代表财富即将上门，即俗称的狗来富。

古代祭祀时，会用草扎成的狗做祭品，即《道德经》中提到的刍狗，“天地不仁，以万物为刍狗；圣人不仁，以百姓为刍狗。”刍狗在祭祀后会被丢在大道上任车马践踏，代表除去一切灾难。

狗早就被驯服、饲养，一直是人类最忠实的朋友，加上“汪汪汪”的叫声和“旺”字谐音，因此成了民间艺术中经常出现的吉祥象征。此件玉犬圆雕年代较近，但外形十分有趣，玉质通透油润，还带点讨喜的金色玉皮，惹人怜爱。

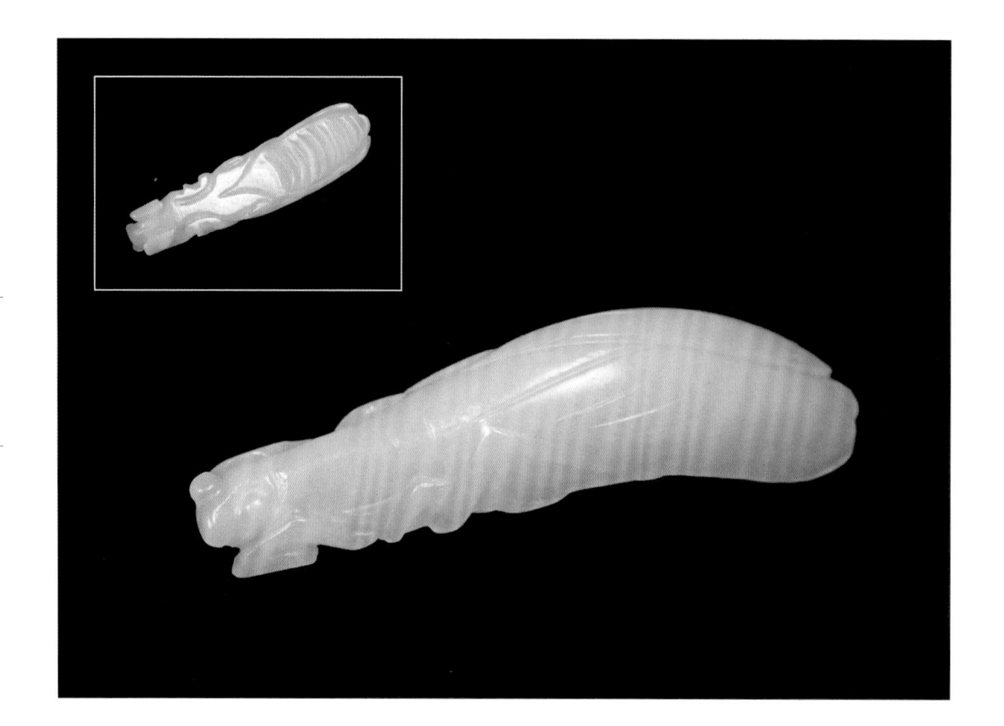

清代和田白玉螳螂圆雕

长58毫米，高14毫米，厚12毫米，重12克

古希腊人将螳螂视为先知，相信它具有超自然的力量，是智慧和力量的象征。又因螳螂前臂举起的样子仿佛在祈祷，又叫祷告虫。中国古籍中最早提到螳螂的是《尔雅》：“蟷蠰（螳螂），其子蜱蛸。”

螳螂是农作物益虫，呈镰刀形的前肢长而有力，一旦猎物进入可捕获的范围时，能够用极快的速度出击并牢牢抓住猎物。因此，古人视螳螂为勇气和无畏的代表，日本的武士还在剑上雕铸螳螂形象，我国武术中也有著名的螳螂拳。

螳螂头部呈三角形，整体外形修长优雅，加上活力十足，寓意兴旺发达，谐音上更有“金玉满堂”的吉祥寓意，也因此成为玉雕家选用的对象。

玉螳螂的形制，最早出现于殷商妇好墓中，据考证应为红山时期的作品。本件作品以简洁的刀工雕刻出螳螂顾盼的形态，生动活泼，玉质朴实白皙，相当罕见。

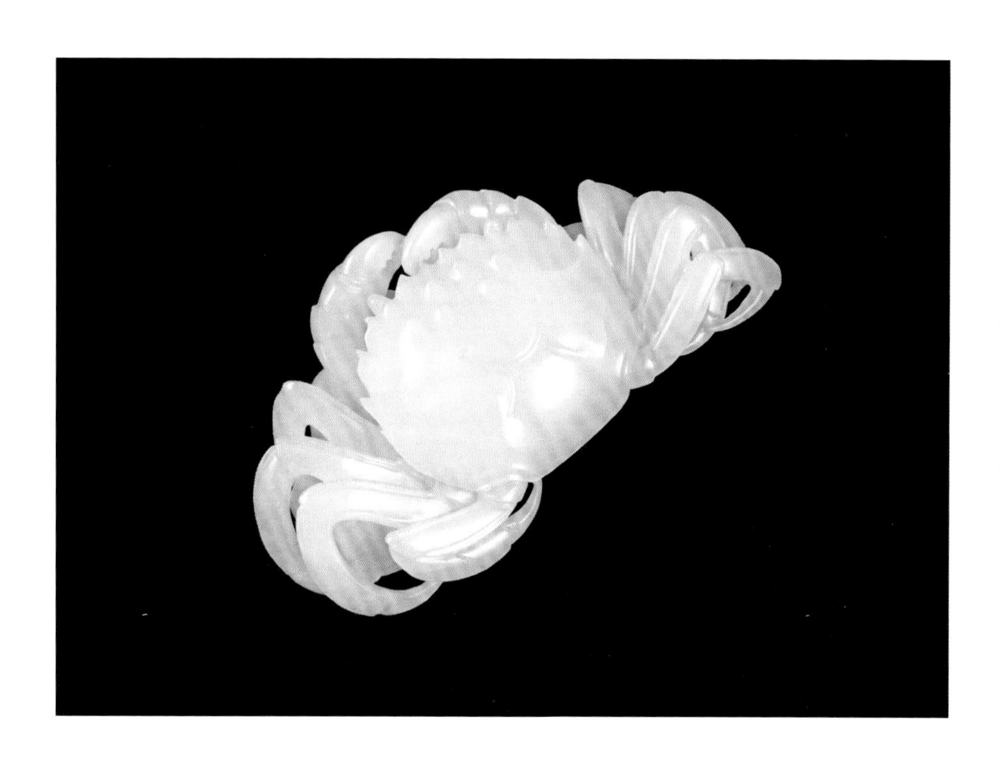

清代和田白玉螃蟹圆雕

长136毫米，宽85毫米，高49毫米，重206克

“秋风起，蟹脚痒，菊花开，闻蟹来。”早在魏晋时期，文人就把赏菊吃蟹、饮酒赋诗当作秋天的风雅活动。

中国人视螃蟹为珍馐之一，文人雅士还专门为螃蟹写文著书，如唐代诗人陆龟蒙的《蟹志》、北宋时期傅肱的《蟹谱》及南宋高似孙的《蟹略》，不仅介绍螃蟹的烹制和食用方法，还谈到蟹的名称、形貌、品类、生长过程、风俗民情、掌故奇闻等。

螃蟹有 5 对脚，第一对大钳子，一钳住东西便不放开，被视为把偏财锁紧不放，而其他 4 对脚则代表八方来财、纵横天下的寓意，因此玉器中也常以螃蟹为主题。

此件作品技艺精湛，玉匠以大闸蟹的形象雕琢而成，蟹身扁圆，大螯肢粗壮，侧边另外 4 对脚则伸向两边，身体和脚比例匀称，形态流露出自然风貌。翻开腹面，脚下还附有水草叶片，长形肚脐做浅浮雕状，应是一只公螃蟹。

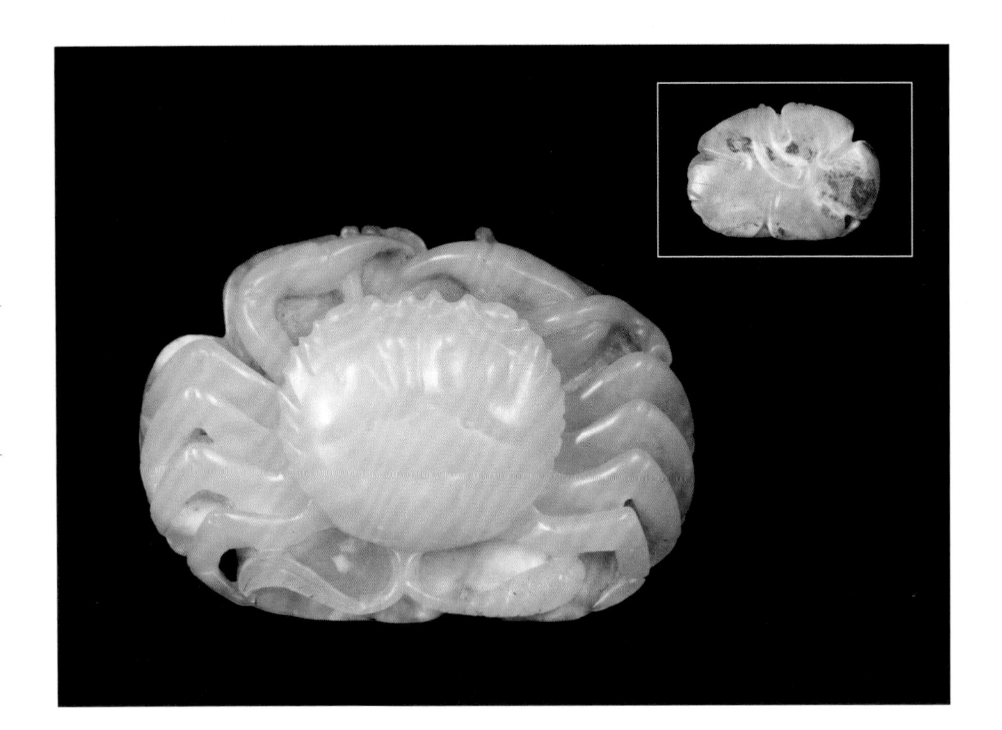

清代和田白玉留皮螃蟹圆雕

长92毫米，宽65毫米，高24毫米，重143克

中国人爱吃也会吃，对于螃蟹这种美味的“无肠公子”自古就有许多烹饪方法。隋炀帝是历史上最爱吃蟹的皇帝，将其视为最上品；北宋著名诗人梅尧臣也爱吃蟹，“年年收稻买江蟹”；而历史上最出名的嗜蟹者，当属明末清初的文豪李渔，他甚至被人戏称为蟹仙，每年还为了买蟹特别存钱，家人戏称为买命钱。

螃蟹属甲壳类，在科举时代象征科甲及第，也有富甲天下的含意；螃蟹披坚执锐而横行，俗称横财大将军，因此螃蟹的形象兼具登科及财富的双重吉瑞。

中国民间的工艺品，也喜欢将荷花或荷叶与螃蟹凑在一起。螃蟹加上荷花，不仅有富贵双全的美好寓意，也取“和谐”之意。

此件作品玉质凝脂油润，蟹身饱满肥厚，背面的荷叶部分留有相当讨喜的洒金皮色，置于书桌案头可当镇纸使用，十分大气。

清代和田白玉菱芰圆雕

长75毫米，宽45毫米，厚16毫米，重54克

菱芰，即现在俗称的菱角。从周朝开始，中国人便有食用菱角的记录。中医将菱角视为凉性食物，有清热解毒的功效。

菱角外形像金元宝，十分讨喜，又因古名菱芰与灵芝谐音，有长命富贵的含意。也有人取菱角二字，用来颂扬他人的品格有棱有角，不随波逐流；还有人将菱角和葱摆在一起，寓意聪明伶俐。此外，菱角的形状与蝙蝠相似，有些纹饰中会用 5 颗菱角来暗喻五福临门。

本件圆雕作品，将菱角饱满圆融的特点发挥得淋漓尽致，每一处都有令人惊喜的细致雕工，玉质清透，手感不错，是瓜果圆雕类中的上乘之作。

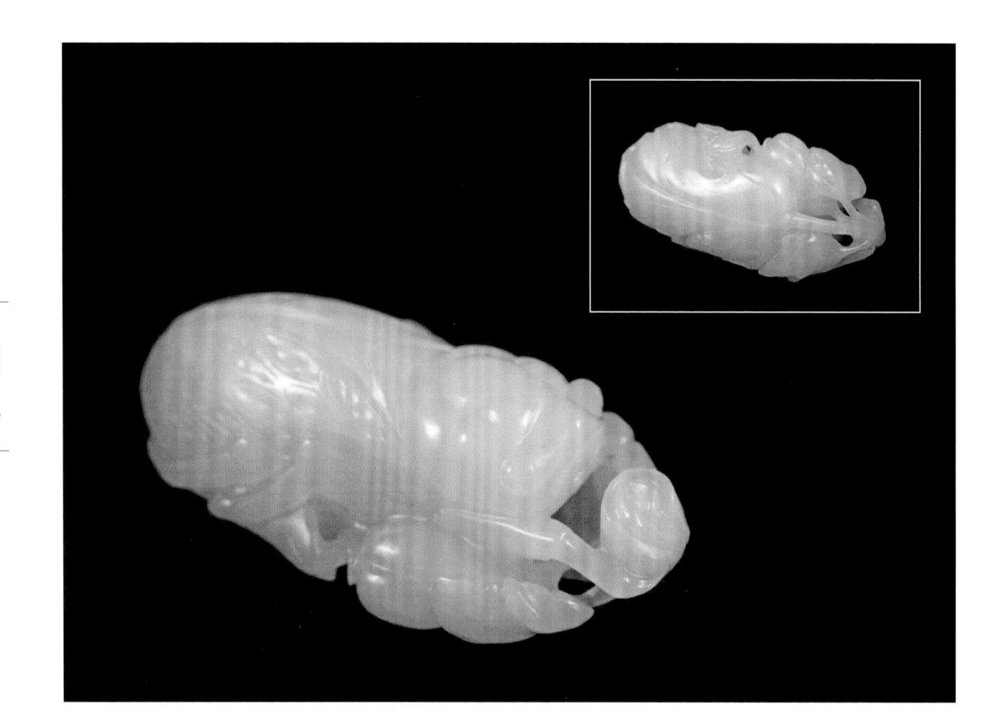

清代和田白玉蝉形圆雕

长63毫米，宽31毫米，厚33毫米，重67克

《史记·屈原贾生列传》："蝉蜕于浊秽,以浮游尘埃之外。"古人认为，蝉在脱壳为成虫之前，一直生活在污浊的泥水中，羽化成蝉后再飞到高高的树上，只饮露水而生。他们还观察到蝉的生活周期，是在秋凉时从树上钻入土中，等来年春暖再从土中钻出爬上树，如此周而复始，生生不息。

古人用玉蝉做口琀，具有两种含意：一是蝉出污泥而不染，代表品行高尚；二是循环不止的生命周期，寓意死者也能如蝉一样死而复生。

除了含蝉之外，玉器中还有佩蝉和冠蝉两种形制。佩蝉是系于腰带上的佩件，头部有一对穿成V字形的象鼻穿；冠蝉是在腹部对穿，可固定于帽上当装饰。本件白玉佩蝉玉质软糯油亮，以蝉和树叶结合为一叶知秋的形态，雕工精细，手感圆润饱满，十分讨喜。

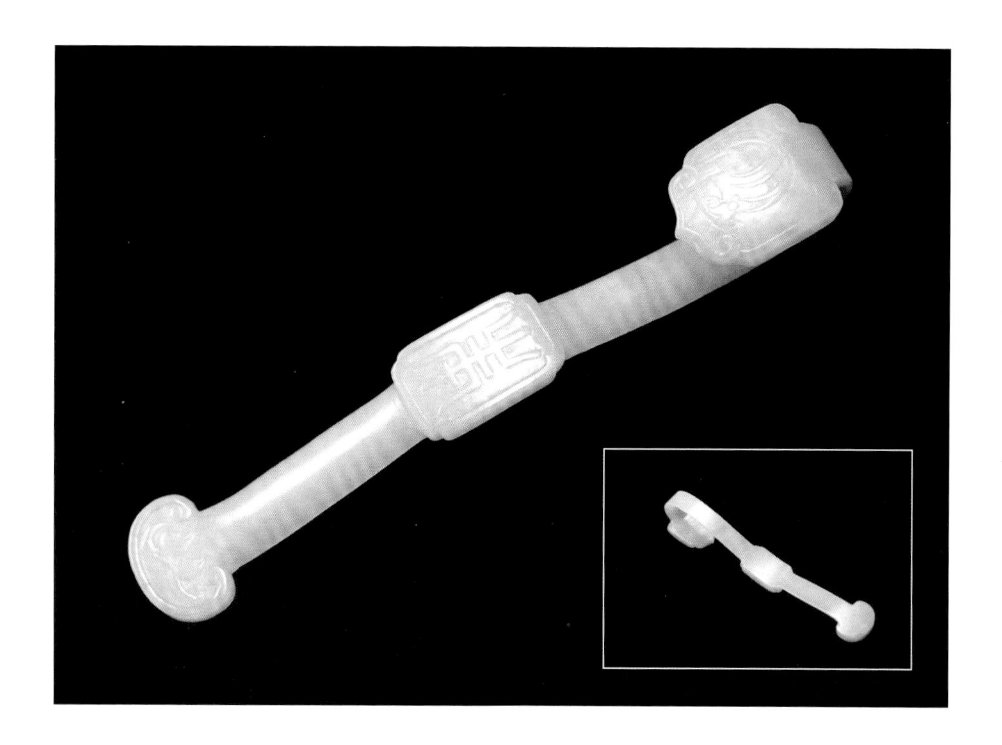

清代和田白玉微型如意挂件

长130毫米，宽28毫米，高32毫米，重20克

“如意”出自印度梵语“阿那律”（Aniruddha），在佛教艺术品中，常有手持玉如意的菩萨像，法师讲经时，也会将经文刻于如意上，以免遗忘。

有关如意的文献记录，最早出现于唐代的《酉阳杂俎》卷十一，三国孙权“掘得铜匣，长二尺七寸，以琉璃为盖。又一白玉如意，所执处皆刻龙虎及蝉形，莫能识其由”。于是，孙权派人去问博学多识的胡综，胡综的回答是：“昔秦皇以金陵有天子气，平诸山阜，处处辄埋宝物，以当王气。此盖是乎？”之后，如意的造型和功能渐渐演变为搔背用的工具——“爪杖”，以及臣子上朝时用于记事备忘的狭长板子——朝笏。

如意寓意吉祥，造型讨喜，在实用功能逐渐被取代后，便成为单纯摆设用的珍玩和赠礼用的礼品。本件玉如意造型小巧可爱，雕工典雅细致，适合佩于腰间把玩，是专属文人雅士的珍贵玩物。

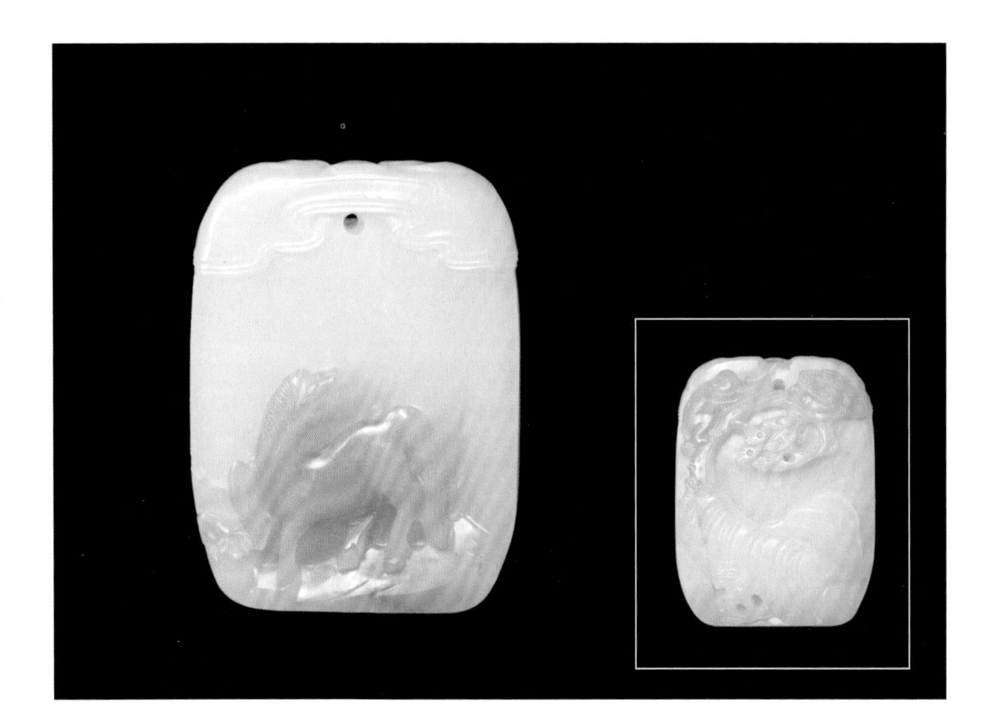

清代和田白玉马上封侯巧雕玉牌

长50毫米，高37毫米，厚16毫米，重50克

“猴”与“侯”同音，在传统吉祥图案中，猴多与升官封侯有关，如马上封侯、辈辈封侯等。

据《礼记·王制》记载：“王者之制禄爵，公、侯、伯、子、男凡五等。”侯爵为五等爵位的第二等，仅次于公，社会地位甚高，俸禄丰厚。猴骑于马背上，组成“马上封侯”的祥瑞纹饰，常用来祝福为官者能步步高升。

本件作品为双面高浮雕牌片，一面以糖色巧雕出一匹回头顾盼的骏马，另一面则以糖色巧雕出猴子攀爬松树的图案，玉匠的巧思和工法相当高明，玉质糯润、结构精细，属玉雕牌片类中的上乘之作。

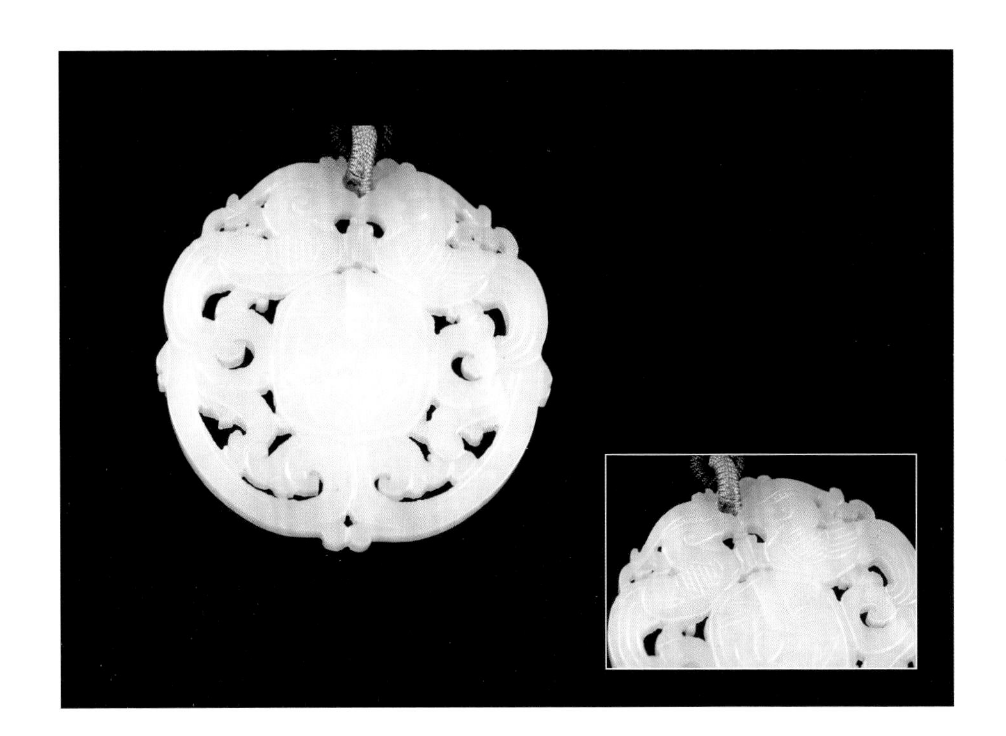

明代鸾凤和鸣和田白玉佩

长62毫米，宽63毫米，厚11毫米，重35克

凤凰又称丹鸟、火鸟、鹍鸡，古人认为凤凰高洁，非晨露不饮，非嫩竹不食，非千年梧桐不栖。若以羽色来分，百鸟之王的凤凰共有5类，分别为赤色的朱雀、青色的青鸾、黄色的鹓鸰、白色的鸿鹄和紫色的鸑鷟。

神话中还有“凤凰涅槃”的说法：传说凤凰每次死后周身都会燃起大火，随后就在烈火中获得重生，一次次拥有更强大的生命力，如此周而复始，直至获得永生。

“鸾凤和鸣”用以比喻夫妻相亲相爱，经常用于祝福新婚。诗词歌赋中也常引用，如元代白朴的杂剧《梧桐雨》记载：“夜同寝，昼同行，恰似鸾凤和鸣。”描写的就是唐玄宗与杨贵妃形影不离的恩爱情深。

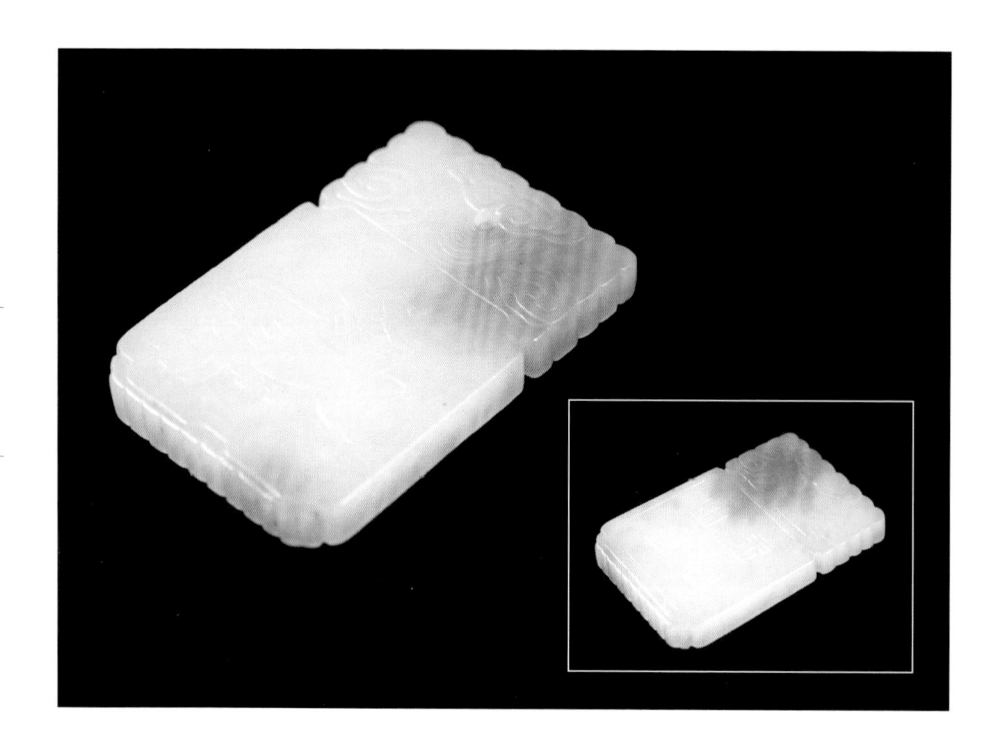

清代和田白玉玉堂锦绣子冈款玉牌

长58毫米，宽37毫米，厚6毫米，重42克

陆子冈是明末最著名的琢玉大师，所制的玉器上有“子冈”“子刚”和“子冈制”3种落款。相传当年苏州府给皇帝的贡品中，就有一件陆子冈所雕的玉龙。

但由于是呈献给皇帝的，按规定不能在玉龙上留名。不料数年后，皇帝身边的近臣把玩玉龙时，却在龙口中发现有极小的“子冈”二字。皇帝听闻此事后，大感不悦，便存心为难当时已调入宫中琢玉的陆子冈。

皇帝下旨要陆子冈在一个玉扳指上刻出百骏图，陆子冈领旨后，仅用几天时间就完成了。他在小小的玉扳指上刻出重峦叠嶂和一个大开的城门，而马只雕了三匹，一匹驰骋城内，一匹正向城门飞奔，一匹刚从山谷间露出马头，给人藏有百马奔腾欲出之感，以虚拟的手法表达了百骏之意，妙不可言。皇帝爱其才华，不再追究落款一事，从此“子冈玉”就成了御用品。

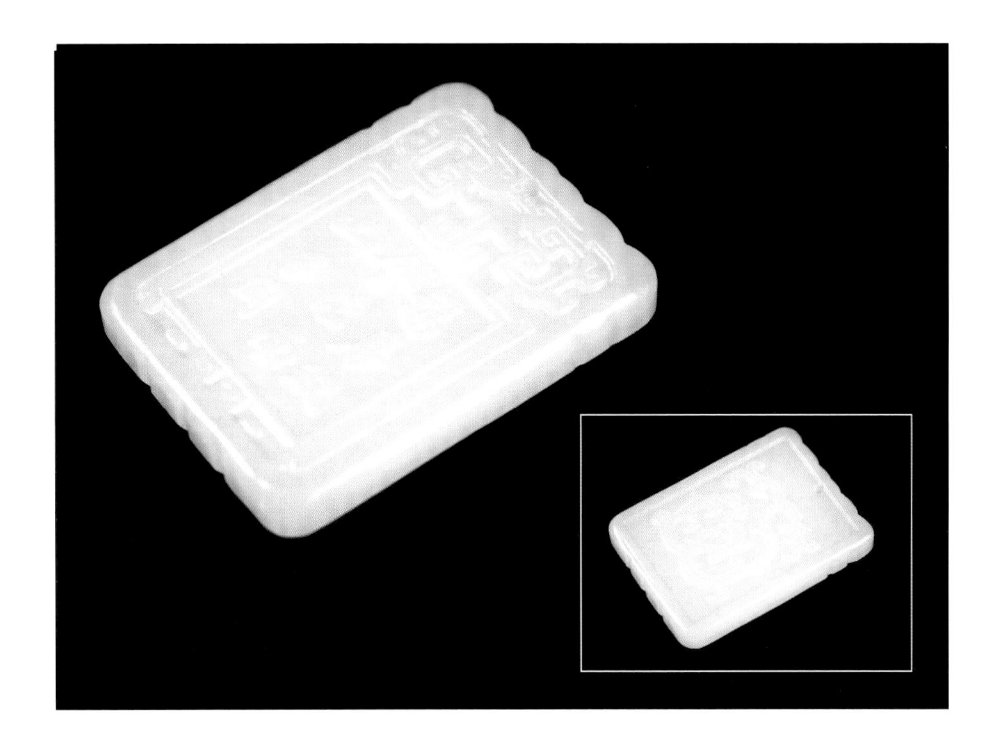

和田白玉福寿双全比南山子冈款玉牌

长40毫米，宽33毫米，厚5毫米，重24克

陆子冈的玉器作品退尽人间烟火味，尤以玉簪为一绝，《苏州府志》描述："陆子冈，碾玉录牧，造水仙簪，玲珑奇巧，花茎细如毫发。"明朝散文大家张岱的《陶庵梦忆》也盛赞陆子冈的琢玉绝技，可上下百年无敌手。在当时，出自陆子冈的玉器和唐伯虎的仕女图并列双绝。

陆子冈最擅长的技法是浅浮雕，所制作的玉器作品多数形制仿汉，取法于宋，颇具古意，形成空、飘、细的艺术特色。所谓空，就是虚实相衬、疏密得当，使人不觉繁琐而有空灵之感；飘，就是造型生动、线条流畅，使人不觉呆滞而有飘逸之感；细，就是琢磨工细、设计巧妙，使人不觉粗犷而有精巧之感。

本件子冈款玉牌质地白皙、通透、油润，做工严谨、精巧细致，是同类玉牌中的上乘之作。

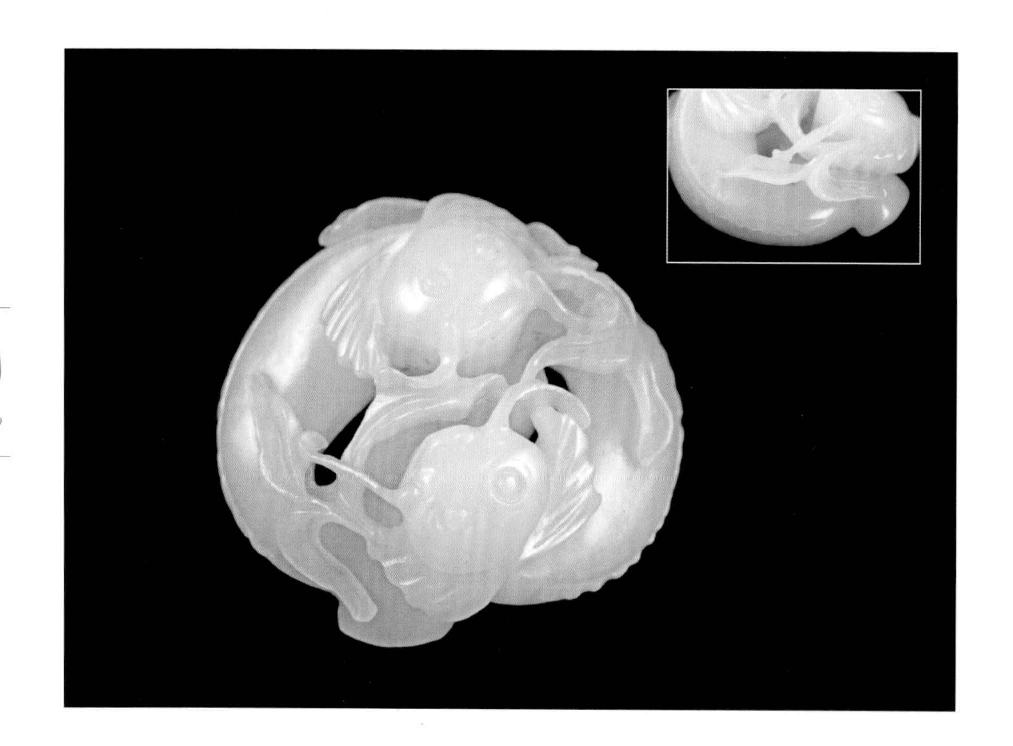

清代和田白玉年年有余圆雕挂件

长50毫米，宽45毫米，高22毫米，重60克

《尔雅·释鱼注》记载："鲇别名鳀，江东通呼鲇为'鳀'。"《说文解字》中只收录"鲇"字，"鲶"则从未见于古代典籍之中。

但在我国台湾地区，鲶字较常用，应是受到日据时代的影响。日文中的"鲇"字指的是香鱼而非鲶鱼，以讹传讹之下，当局也未将"鲇"字正名，沿用至今，台湾人只知鲶鱼，却不识鲇字。

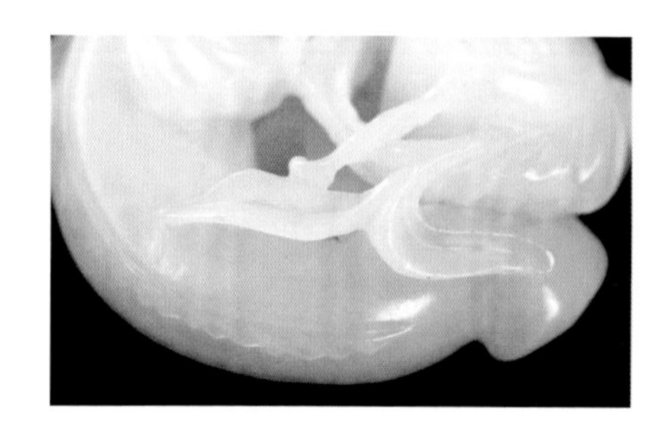

由于鲇与年的谐音关系，中国自古便常用双鲇为造型，运用于剪纸、绘画或雕刻艺术中，寓意年年有余。本件双鲇圆雕玉质偏黄，体如凝脂，精光内含，加上雕工纤细利落，整体造型浑厚圆润，手感极佳，实为难得一见的圆雕鱼类玉器珍品。

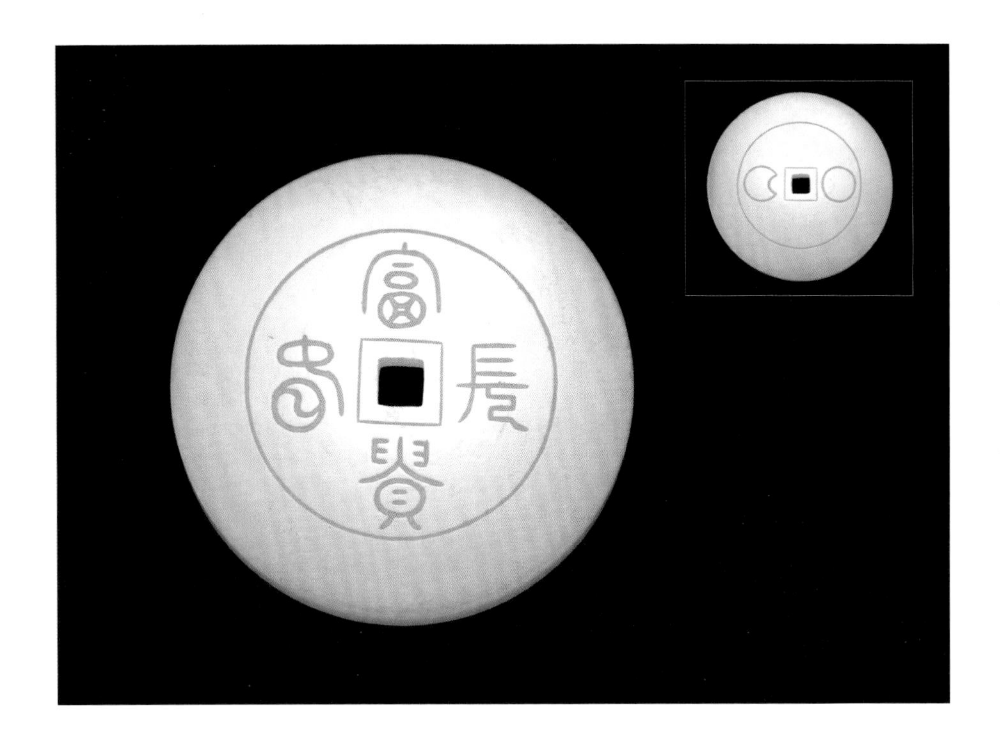

清代和田白玉长命富贵钱形佩

直径55毫米，厚5毫米，重32克

在古代，玉不仅是珍贵的器物材料，也是高级的食材。古人食玉的记载，最早出现于《周礼·天官·玉府》：“王齐（斋）则共食玉。”郑玄注：“玉是阳精之纯者，食之以御水气。”

屈原的《九章·涉江》记载：“登昆仑兮食玉英，与天地兮同寿，与日月兮同光。”意即登上昆仑山品尝玉之精华，可与天地一样长寿。而昆仑山脉一带，正是和田玉的主要产地。

古代的医学典籍中，也对“食玉”一事有系统性的解说。《神农本草经》载：“玉乃石之美者，味甘性平无毒。”明代李时珍的《本草纲目》中记载玉屑“气味甘平无毒，主治除胃中热，喘息烦满……久服轻身长年”。

本件钱形佩的玉材白皙晶莹，堪称和田水料中的上上之品。得此良质美材，玉雕师傅不愿擅加过多繁复的雕工，仅在表面上轻轻雕琢“富贵长寿”和“日月同辉”的纹饰，用以衬托玉材本身的完美无瑕。字体简洁有力，构图工整流畅，绝无一丝拖泥带水，是爱玉者眼中秀色可餐的上乘之作。

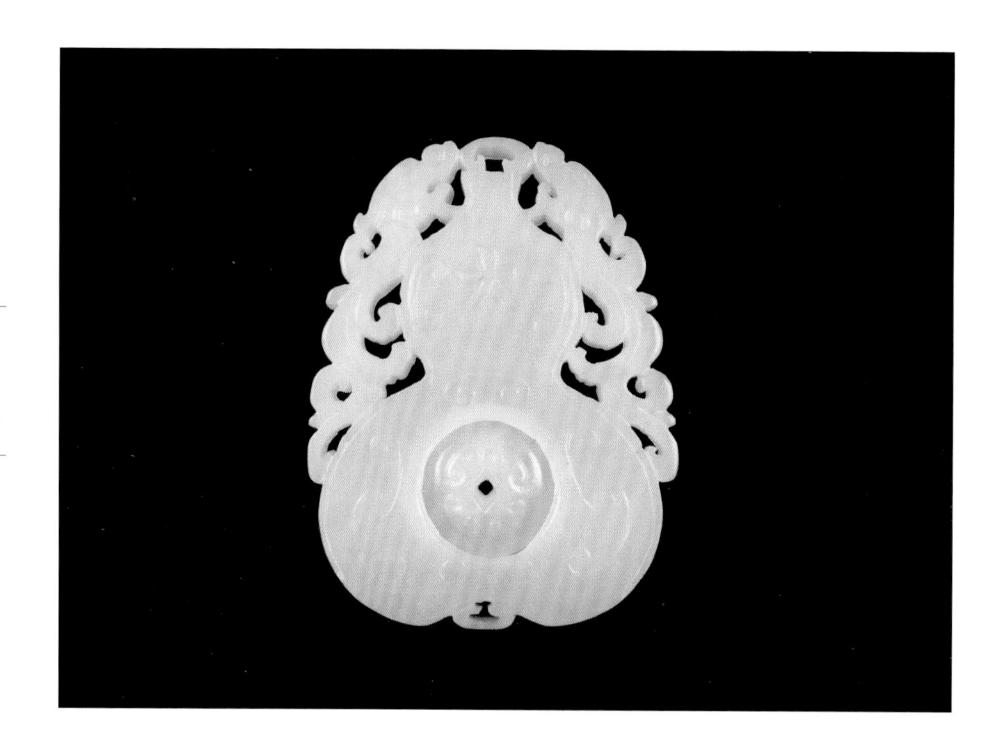

清代和田白玉福禄大吉龙纹转心佩

长68毫米，宽52毫米，厚5毫米，重38克

转心佩是玉工师傅用同一块玉料，以非常细腻精巧的工法，在玉牌当中雕琢出一块可任意转动的圆形玉

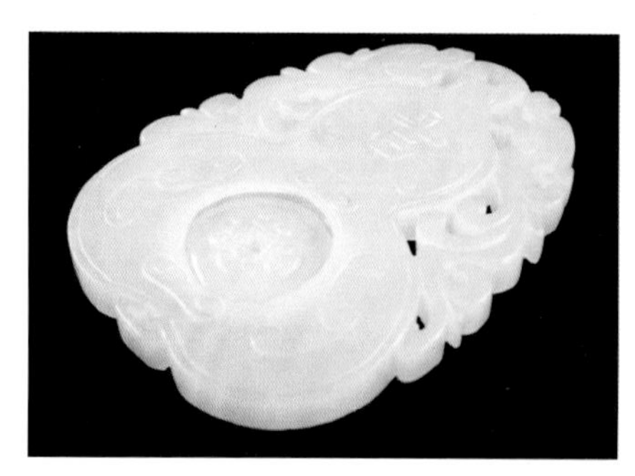

芯。转心佩的外形，一般以正圆形居多，有龙纹、四鼠、盘缠、连珠、花形、法轮等各种形制；而玉芯的部分，则有十字云纹或寿字等雕饰。

本件作品主体为福禄（葫芦）佩，其上有双龙纹，玉芯部分以云纹来表现，云转则运转，象征时来运转、大吉大利之意。玉质润泽细腻，稍加把玩便可呈现出油润感，形工俱佳，且寓意良好，是相当讨喜的一件作品。

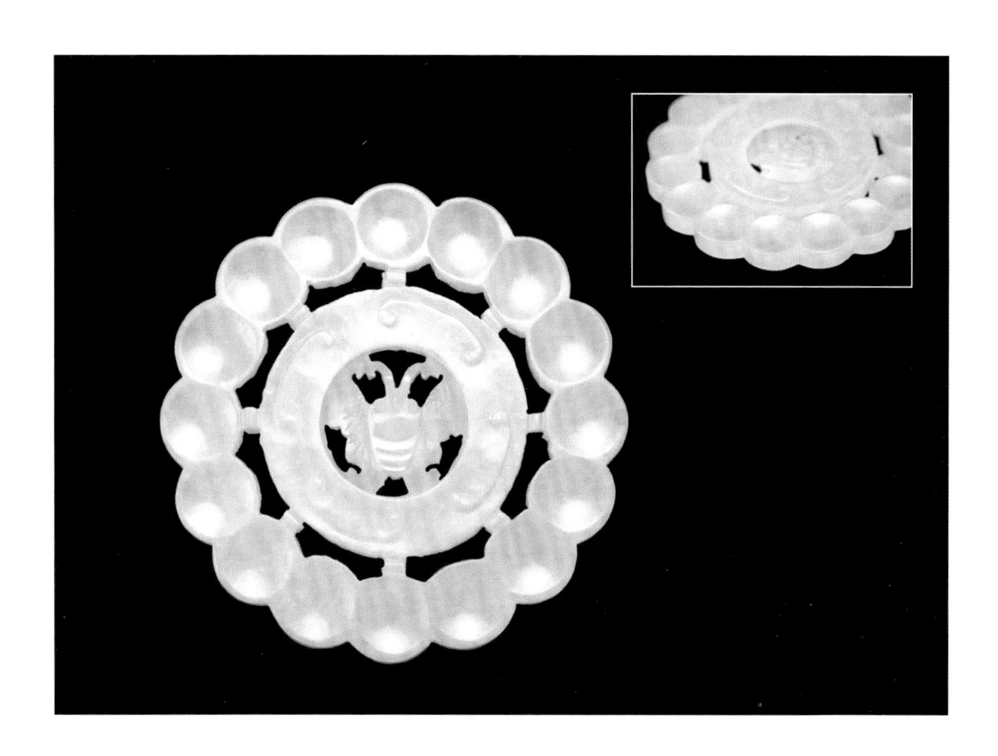

明代和田白玉连珠纹蝶形转心佩

直径58毫米，厚4毫米，重25克

转心佩的由来，应与佛教中的法轮有关。法轮、法螺、法幢、宝瓶、莲花、双鱼、盘结及宝盖，是佛教最常用的八件宝物，又称“八瑞相”或“八吉祥”。其中，“法轮”用以比喻佛陀的教法，“转法轮”则指宣扬佛法，度化众生。

《十大方广佛华严经》卷二记载：“得转法轮成熟众生方便解脱门。”《维摩经佛国品》中曾言：“三转法轮于大千，其轮本来常清净。”佛家相信，要转法轮前，必须先转心轮，欲转心轮则要多听经闻法，修除习气，由内而外改变，这是修行的基本功，心转而意转，方能成就大智慧。

本件转心佩外圈部分为十六连珠纹，玉芯的部分较为特殊，刻有一只蝴蝶。整件作品玉质白皙透亮，造型十分讨喜。

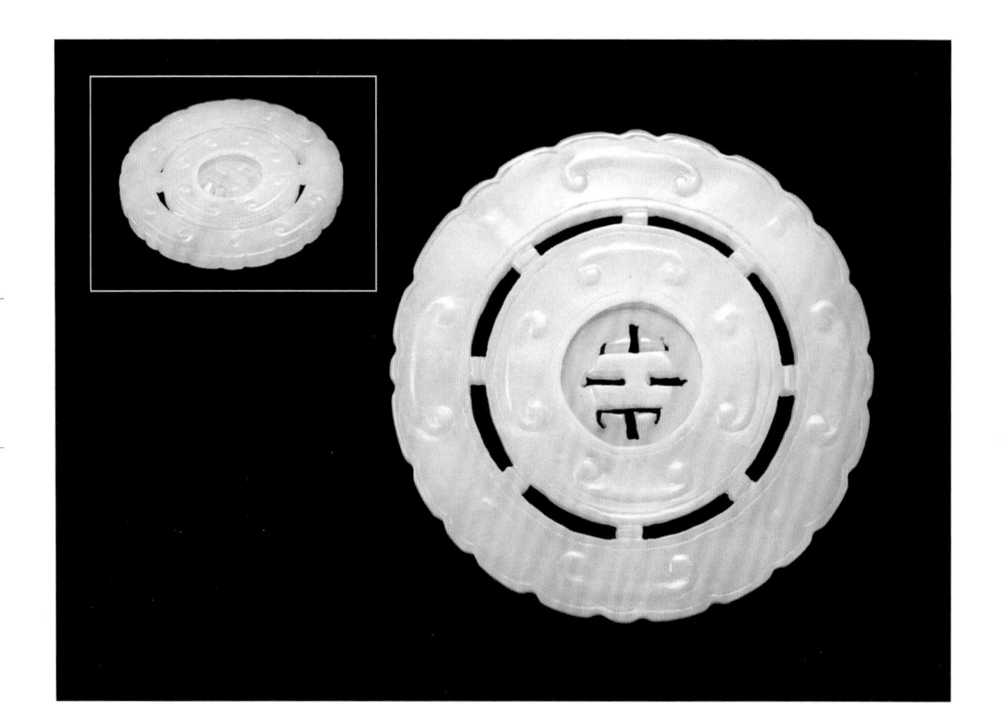

明代和田白玉透雕转心佩

直径55毫米，厚4毫米，重28克

佛教借用“法轮”来比喻佛法无边，具有摧邪显正的作用。法轮由毂、8个轮辐和外圈组成，其中的毂代表戒律，8个轮辐代表八正道，外圈是指把所有东西汇聚在一起的正念或三昧；而整个法轮外形则是一个圆形，代表佛教教义的完满。“法轮常转”，意味着佛法传法不断，且能把一切不正确的见解、不善的法都去除无余。

释迦牟尼成佛之后在鹿野苑的第一次说法，佛教史上就称为“初转法轮”。据《转法轮经》记载，佛陀于菩提迦耶金刚座下成佛后，在鹿野苑为五比丘讲说苦、集、灭、道四圣谛的教法。

本件转心佩外圈部分为一形象完整的法轮，玉芯的部分则为“寿”字。整件作品表面的皮壳完整，玉质白皙，雕工十分工整，相当得好。

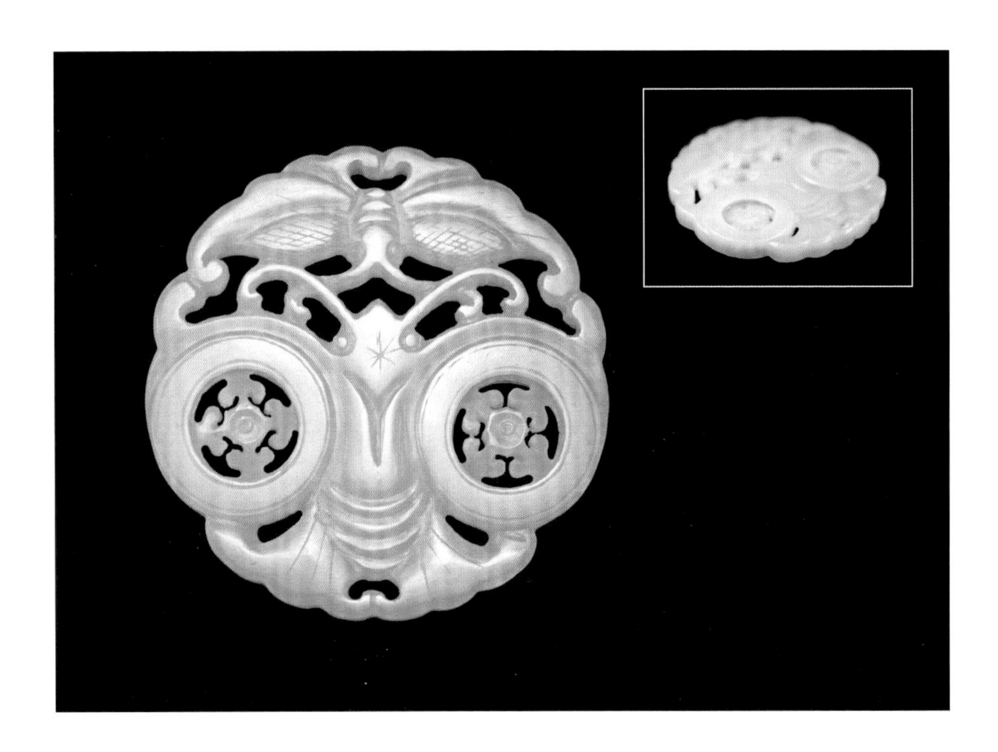

明代和田白玉双福双心佩

直径55毫米，厚4毫米，重28克

佛教的法轮有二义，一为运转，一为摧碾。一来，佛的说法就像法轮出现于世，不停滞于一人一处，就像轮子滚动，在世人之间流传；二来，佛的说法，其威力能碾摧山岳岩石，摧毁世俗一切邪惑之见，碾碎众生一切烦恼。

就如《大智度论》卷二十五所说："遇佛法轮，一切烦恼毒皆灭。"而佛陀的三转法轮（三次宣说佛法），就是证验不苦、无常、精进、实证等修行过程，以成就唯心所现、性相俱空的大智慧境界。

本件双福双心佩玉质白皙温润，雕工灵巧秀丽，以两只大小不一的蝴蝶组合为一圆满的正圆，器形工整，手感圆润。

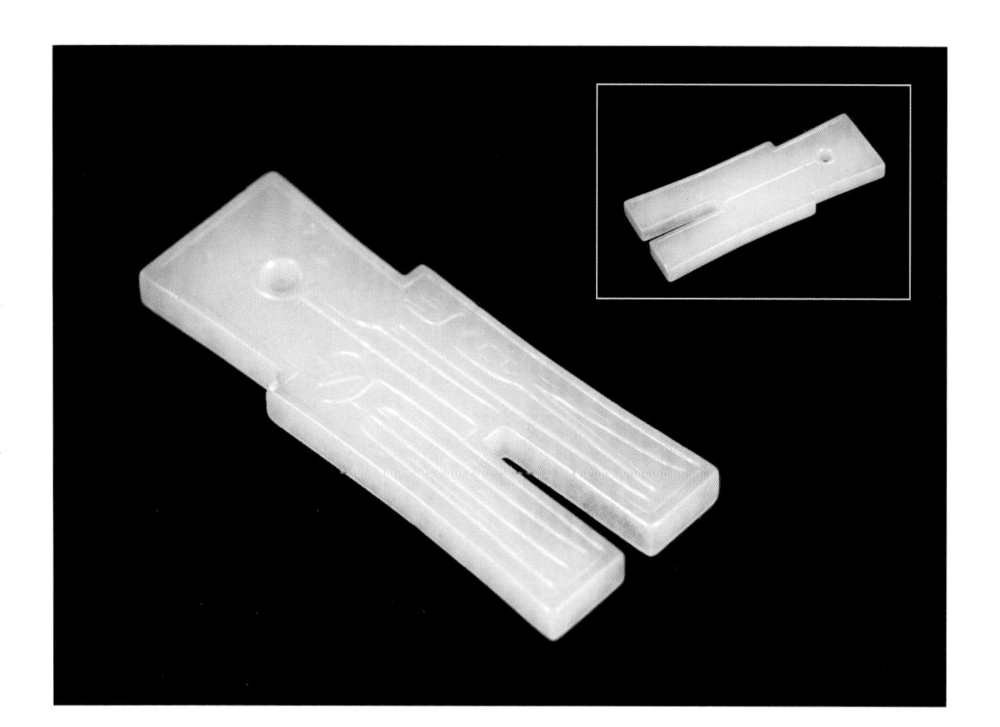

清代和田白玉货布佩

长60毫米，宽24毫米，厚4毫米，重17克

“货布”与“货泉”是汉代“新朝”的两种钱币，是王莽称帝后下令铸造的。

王莽为了消灭旧汉贵族的势力，以“托古改制”为名，进行了4次币制改革，而“货布”与“货泉”就是最后一次改革时所铸造的钱币，一个货布值25个货泉。货布做工相当精致，上面更以笔画纤细的悬针篆刻有“货布”二字。

现在有许多银行或金融机构都用货布形态作为商标，甚至人民币上也有货布的图案，可说是中国货币最佳的代表图腾。本件作品是玉工师傅以和田白玉取代铸铜雕制而成，玉质通透白皙，雕工严谨，令人爱不释手。

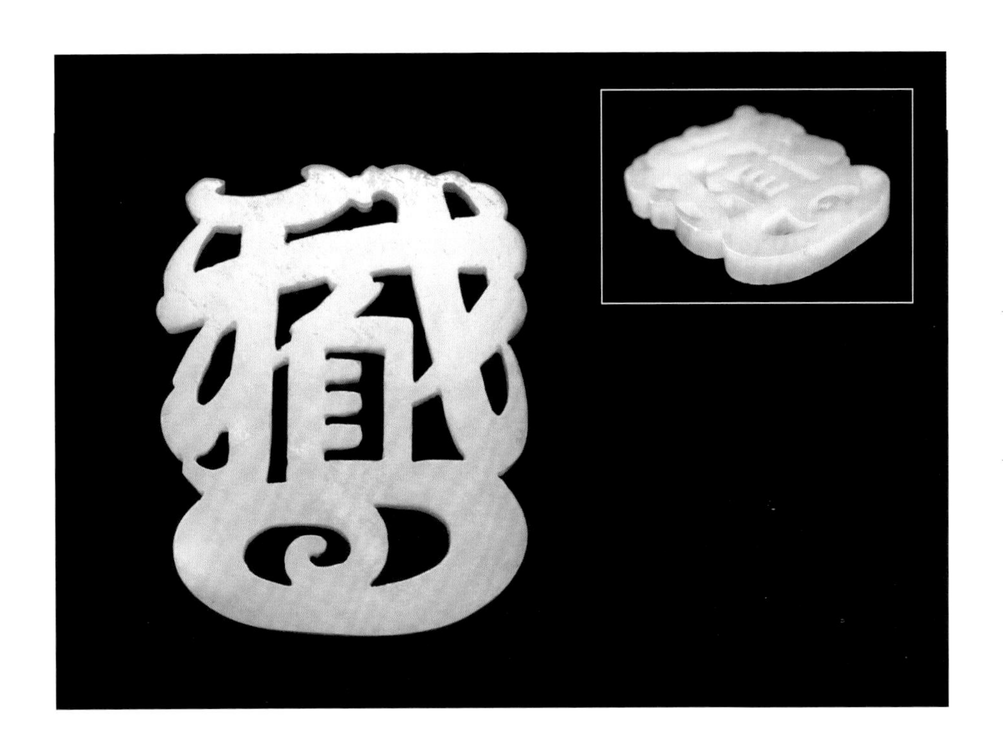

清代和田白玉羲之爱鹅文字佩

长49毫米，高39毫米，厚6毫米，重22克

《晋书·王羲之传》记载了一个故事：有一次，王羲之听说会稽乡下有位独居的老妇，家中养了一只大白鹅，啼声洪亮且身形壮硕，便去登门拜访。不巧当天老妇不在家，王羲之要邻居转告老妇人明天会再来拜访。老妇回家后，听说王大人明天要来，不仅把家里内外打扫了一番，还想着要如何款待王羲之。隔天，王羲之依约来访，还来不及说明来意，好客的老妇人马上端出锅子，说："我们乡下地方，没什么招待大人，今天早上便把家中唯一的白鹅杀了，请王大人品尝。"王羲之当场愣住，许久才回过神来，伤心到连饭也吃不下，叹然而归。

除了王羲之爱鹅出名，历史名人也各有所爱：周敦颐爱莲、陶渊明爱菊、林逋爱梅、米芾爱石、苏东坡爱砚，后人将此六者随机组合为《四爱图》，常见于各式青花瓷瓶上。

此件作品以"我"和"鸟"上下组合为"鹅"字，玉质通透白皙，笔法流畅自然，比例精准，堪称上品。

明代和田白玉子辰佩

长52毫米，宽52毫米，厚6毫米，重46克

十二生肖中，鼠为子，龙为辰，在同一件玉佩上雕有互望的一龙一鼠，这种做法自古有之，称之为“子辰佩”。

天干地支是中国古代用以记录时间的历法工具，鼠在子时（半夜11点至1点）、龙在辰时（早上7点至9点），两个时段是出生和死亡最常发生的时间，古时因为医学不如现今发达，从汉代开始便有佩戴“子辰佩”玉佩以求平安的习惯。

到了明清时期，子辰佩更多了“望子成龙”的寓意，长辈常让小孩子随身佩戴。子辰佩适合生肖属鼠、牛、龙、猴的人佩戴，象征一生中贵人无数（牛属丑与鼠相合；猴属申，与鼠和龙相合；而鼠与龙都与子辰相合）。此件子辰佩分量十足，玉质通透，大巧不工，是明清子辰佩中难得的一件佳作。

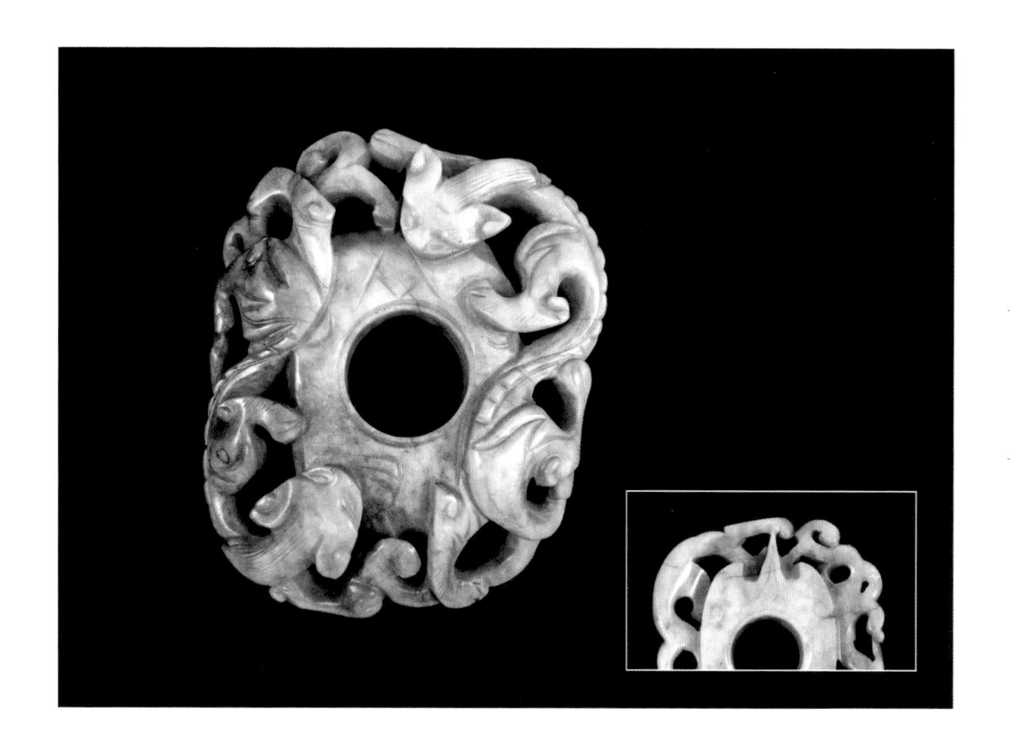

明代火燎双螭韘形佩

长72毫米，宽60毫米，厚12毫米，重61克

韘形佩源自于玉韘。《说文解字》载："韘，射决也，所以钩弦。"韘始见于商代，是射箭时佩戴于食指上，用来保护手指并勾拉弓弦的指套，即扳指的前身。

原本属于实用器具的玉韘，因为要套在食指上用来钩住弓弦，所以必须有一定的厚度。但至战国已趋式微，主要用途变成装饰用，外形也因此逐渐趋于扁平，中间的孔洞也略微缩小，外部纹饰则越来越华丽。

此件韘形佩曾受火燎洗礼，出土后又经历代藏家长时间把玩，恢复了玉器应有的光泽与油润，每一方寸间的颜色逐层变化，散发出历史与传承的无穷魅力。

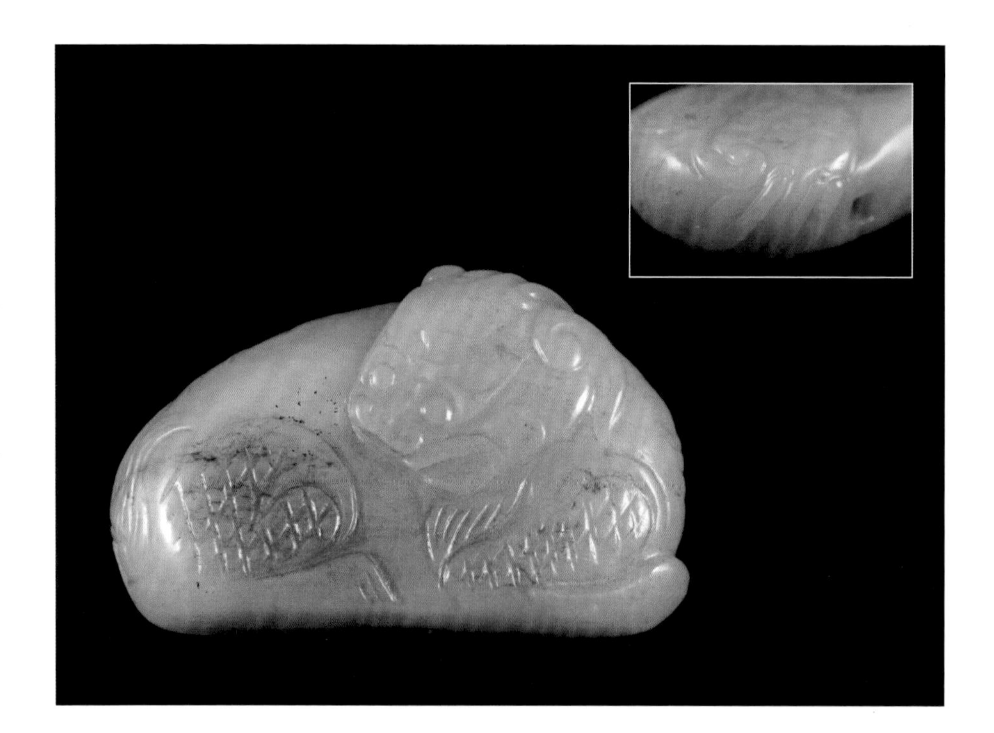

明代和田白玉虎形佩

长38毫米，宽20毫米，厚10毫米，重34克

虎在中国传统文化中被视为权力和力量的象征，十二生肖中，万兽之王的虎排行第三。事实上，汉字中的“王”字，便是由老虎的前额花纹转化而来。

关于老虎，有一则“孙思邈医虎喉”的传说。唐代的药王孙思邈医术高超，有天上山采药时，忽有一头猛虎朝他奔来，到他面前便停下不动，趴在地上哀嚎。孙思邈仔细一看，原来猛虎口中卡着一根尖锐的兽骨，于是便取下肩上扁担的铜环，先卡住猛虎的嘴巴，再拔除卡在喉咙的兽骨。

此后，凡上山采药的人都会随身带着一个铜环改造的手摇铃，只要身上有此铃，便不会受到猛虎侵扰。听闻此事，唐太宗下令工匠制造虎头环，用于门把手或各种箱具上，以辟邪纳福，永保安康。

这是一件相当好的圆雕类挂饰，玉质偏灰，表面带些许芝麻点。整体的雕工粗中有细，手感圆润细腻。

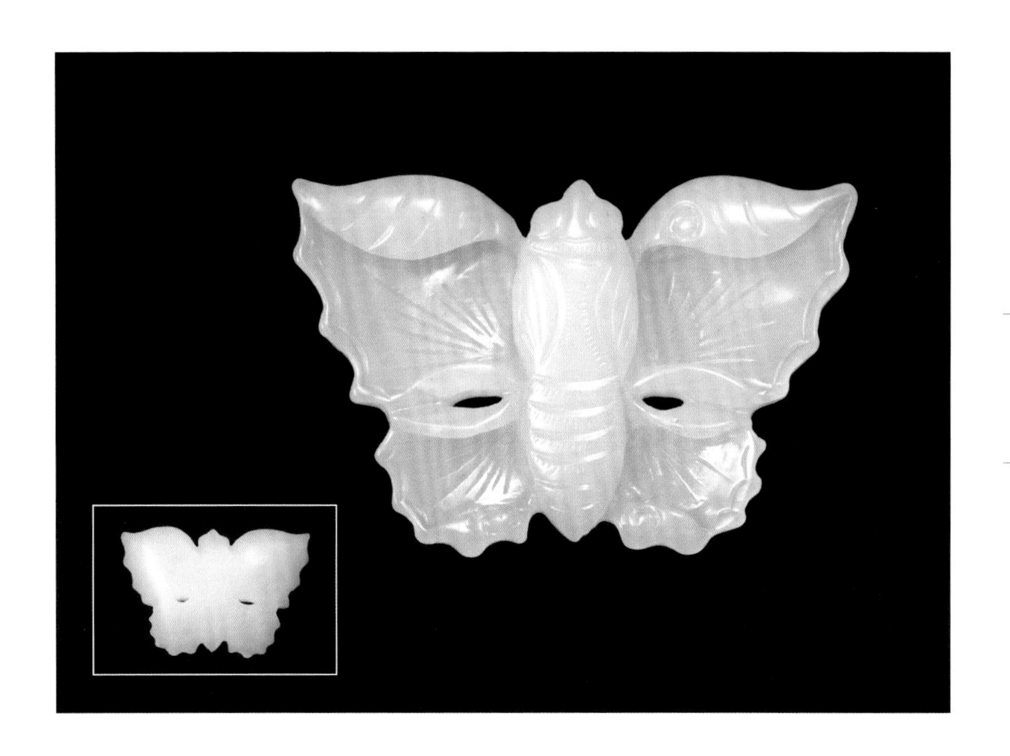

明代和田白玉蝴蝶佩

长65毫米，宽42毫米，厚12毫米，重32克

蝴蝶这个美丽的意象，和中国人很有缘分。从心理学角度来看，蝴蝶可以象征自由、美丽，也可以象征死亡和重生，其中最主要的含意则是转变——原本丑陋的毛虫，经过成蛹羽化之后，竟然可以化为美丽的蝴蝶。

这种对比强烈的剧烈转变，让生性保守的中国人，开启了对未来的美好憧憬，或对来世抱有无限向往。古人认为死亡不是终结，而是生命的一次变形，躯体的死亡或许正是灵魂的解脱，就如蝴蝶破蛹而出获得自由。

或者可以说，蝴蝶幼虫粗鄙的肉体象征的是现实生活，而蝴蝶轻盈的彩翼则象征着精神世界，结蛹化蝶意味着只要能破蛹而出，精神世界必然是美好而自由的。

本件玉蝶造型特殊，翅膀部分的线条优美流畅，以立体雕工来呈现则更为罕见。玉质属上等和田水料，在工艺和质感方面相辅相成，是一件令人惊叹的玉蝶作品。

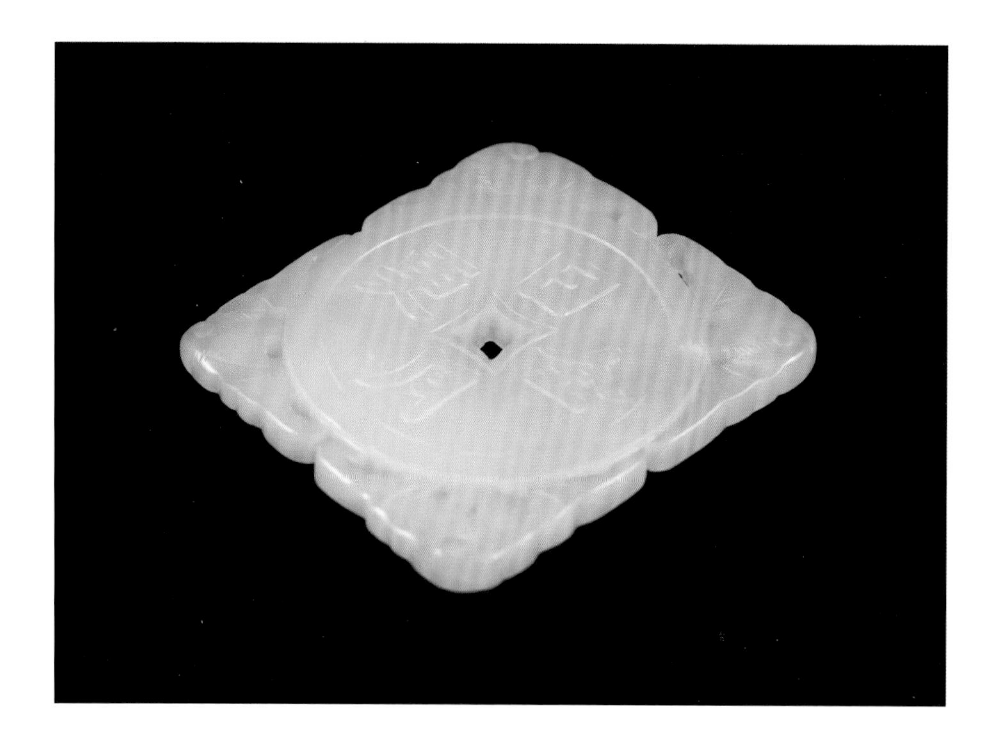

清代和田白玉日月同更玉牌

长59毫米，宽55毫米，厚4毫米，重43克

蝙蝠，在中西方文化中有着截然不同的象征意义。由于谐音关系，中国人视蝙蝠为带来福气的吉祥动物，但西方人却将蝙蝠与鬼魅联系在一起，视其为恐怖不祥之物。

“蝠”与“福”同音，中国的绘画中常见蝙蝠飞翔于海上，寓意“福海”；或是结合蝙蝠、寿字和盘长结，象征福寿绵长。

民间还认为蝙蝠昼伏夜出的习性，能在夜间为驱魔捉鬼的钟馗带路，引领他扫荡在夜间出没危害人间的妖魔鬼怪。

此件玉牌主体为钱币纹，两面各刻有“江山五老”和“日月同更”字样，钱币四周有 4 只蝙蝠，有着天官赐福、日月同寿的吉祥寓意。

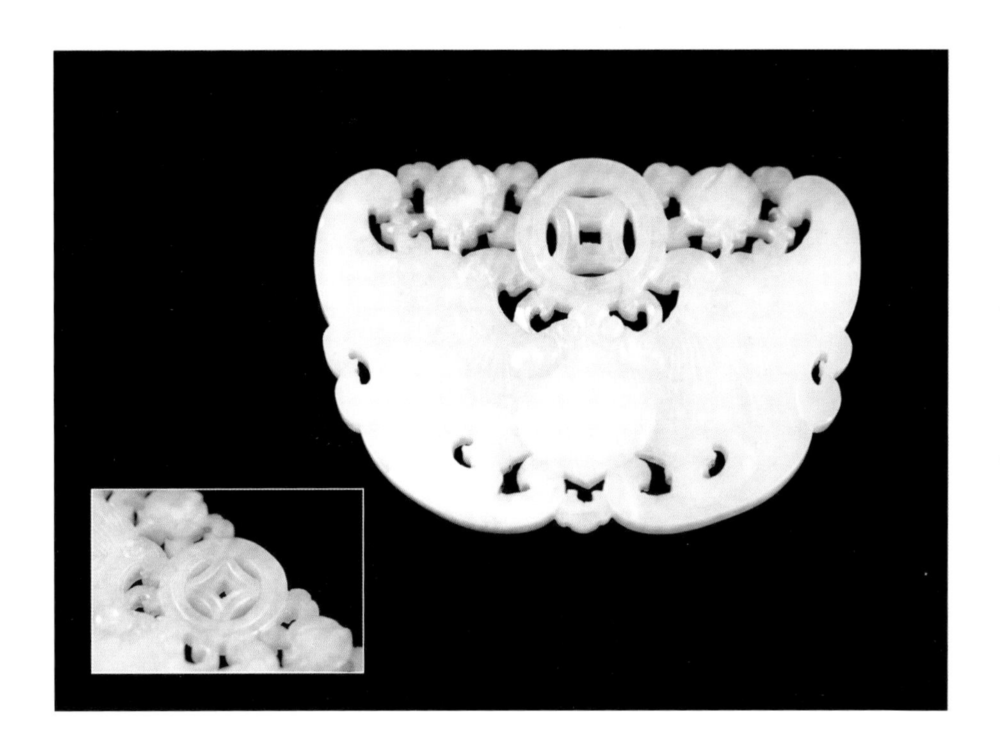

清代福在眼前白玉佩饰

长87毫米，宽59毫米，厚5毫米，重54克

蝙蝠，又名仙鼠或飞鼠，东晋郭璞在《玄中记》中提到："蝙蝠百岁者倒悬，得而服之，使人神仙。"由此可知，蝙蝠在中国人眼里是具有神秘色彩的动物。

明代冯梦龙的民间笑话集《笑府》则戏称蝙蝠为"骑墙派"：凤凰生日时，百鸟都去朝贺，只有蝙蝠没去，它辩称自己不是鸟类而是四足动物。后来轮到麒麟过生日时，又独缺蝙蝠。这次它说自己有翅膀能飞，是鸟不是动物。云南省的景颇族认为，蝙蝠是阴险狡猾的象征，称那些见人说人话、见鬼说鬼话的人为"蝙蝠人"。

在常见的传统吉祥纹饰中，常将钱币和蝙蝠结合在一起，取其谐音，有人称这种纹饰叫"福在眼前"，也有人称为"眼前富"，倘若再加上寿桃，就合称为"福寿双全，富在眼前"。此件白玉佩饰玉料大块完整，品相完美，寓意吉祥，是牌片类中的上乘之作。

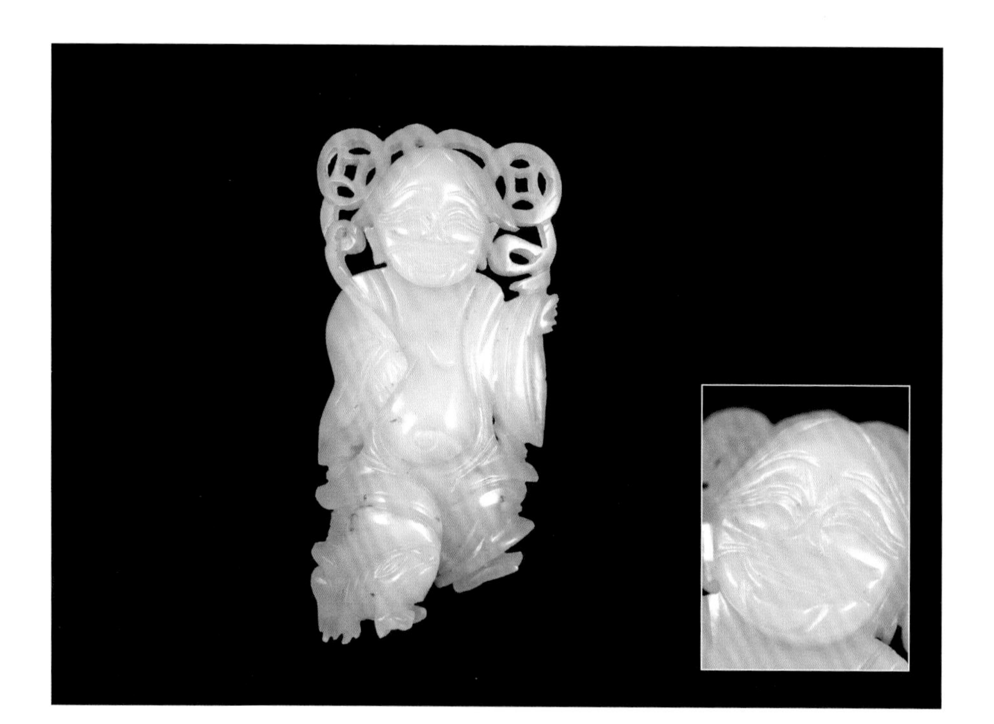

宋代刘海戏金蟾白玉挂件

高78毫米，宽38毫米，厚10毫米，重44克

刘海是道教中的吉祥财神，被尊称为“海蟾仙师”。据史料记载，刘海本名刘操，生于五代十国时期，辅佐燕国国君刘守光，官拜丞相。据《历代神仙通鉴》记载，荣享人间富贵的刘海受到八仙之首的钟离权点化，后又拜吕洞宾为师。

据传刘海与“睡仙”陈抟一同得道成仙，并列为下洞八仙之一，云游于终南山和太华山。后又以铜钱为饵，收伏了专吞百姓金银财宝的金蟾妖怪，便以“海蟾子”为道号，是著名的道教祖师，为全真道北五祖之一。

由于刘海是在富贵至极时受到钟离权点化，又以铜钱为法器，乐于赐人富贵，因此成了中国道教中财神的代表神祇。

刘海戏金蟾的题材，常见于各类书画、玉器、牙角雕件中，而此件作品则为白玉人物挂件，雕工简洁有力，相貌十分讨喜，实为难得一见的宋代白玉佳作。

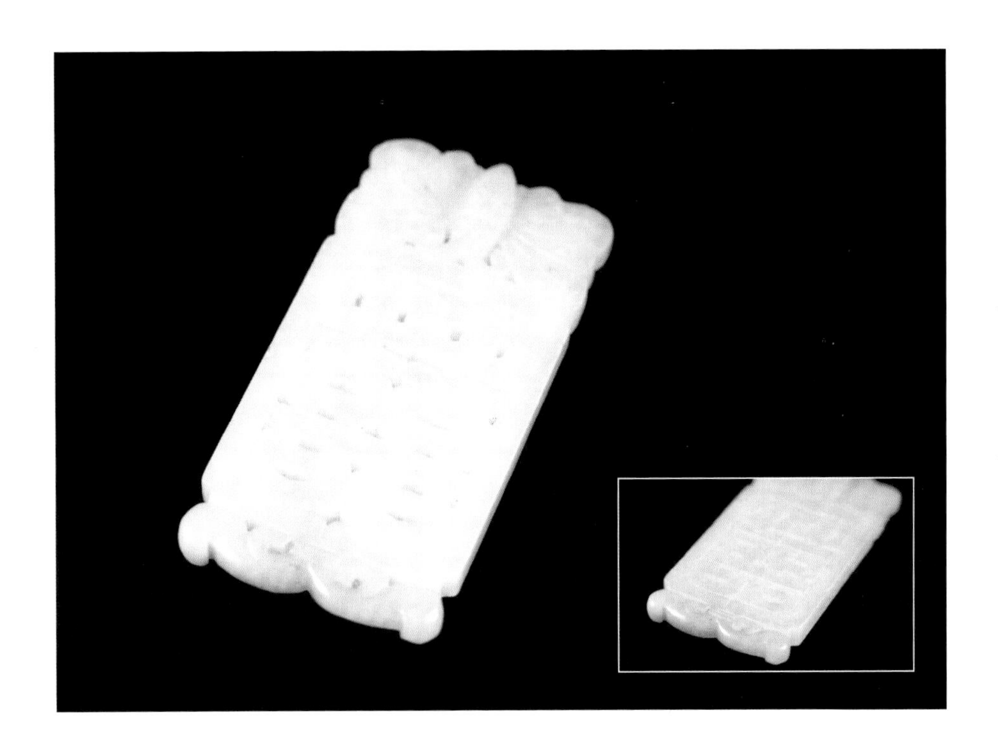

清代和田白玉“囍福盈门”佩饰

长87毫米，宽59毫米，厚5毫米，重54克

中国人结婚办喜事时，总会在喜帖上，甚至在门口、窗户上贴个大红“囍”字。至于这个“囍”字的由来，则和北宋王安石有关。

王安石23岁那年，赴京赶考到汴梁。在乡绅马员外家门口，见到贴出一副上联招亲：“走马灯，灯马走，灯熄马停步”，若能对出下联者就能与马家千金成婚。

王安石应试后来到马员外家，以“飞虎旗，旗虎飞，旗卷虎藏身”对出上联。马员外便将独生女许配给他，成亲当日，王安石还接到金榜题名的喜讯，由于喜上加喜，就写了“囍”字贴在门上。此即所谓的“巧对联成红双喜，天媒地证结几罗。金榜题名洞房夜，小登科遇大登科。”

此件作品以蝴蝶和“囍”字为主体，在最低的耗料限度下将“囍福盈门”的吉祥含意完整地表现出来，技法工整，大巧不工。

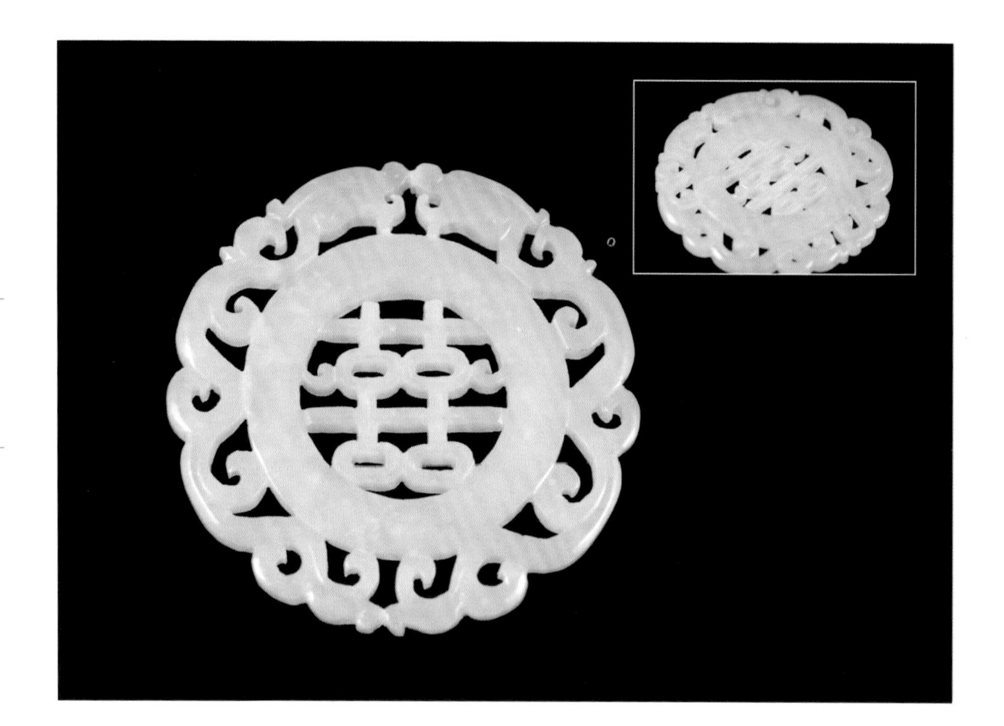

清代双龙报喜和田白玉佩

直径63毫米，厚6毫米，重26克

大红“囍”字这个在辞典中找不到的字，却是中国吉祥图案中不可缺少的一种，通常用来表示结婚之喜，取其喜事成双之意。通常新人结婚所用的家具及其他物品上，都会贴上“囍”字的红剪纸，祝贺新人幸福美满，双双白头偕老。

“久旱逢甘霖、他乡遇故知、洞房花烛夜、金榜题名时”是人生四大乐事，据说王安石就是因为同一天遇上人生两大乐事——洞房花烛夜和金榜题名时，所以才创造出了这个“囍”字。

本件玉器造型为双龙报喜，雕琢工法细腻，造型优美柔和，握感十分圆润，是一件玉质美、雕工灵活的“囍”字佩件佳作。

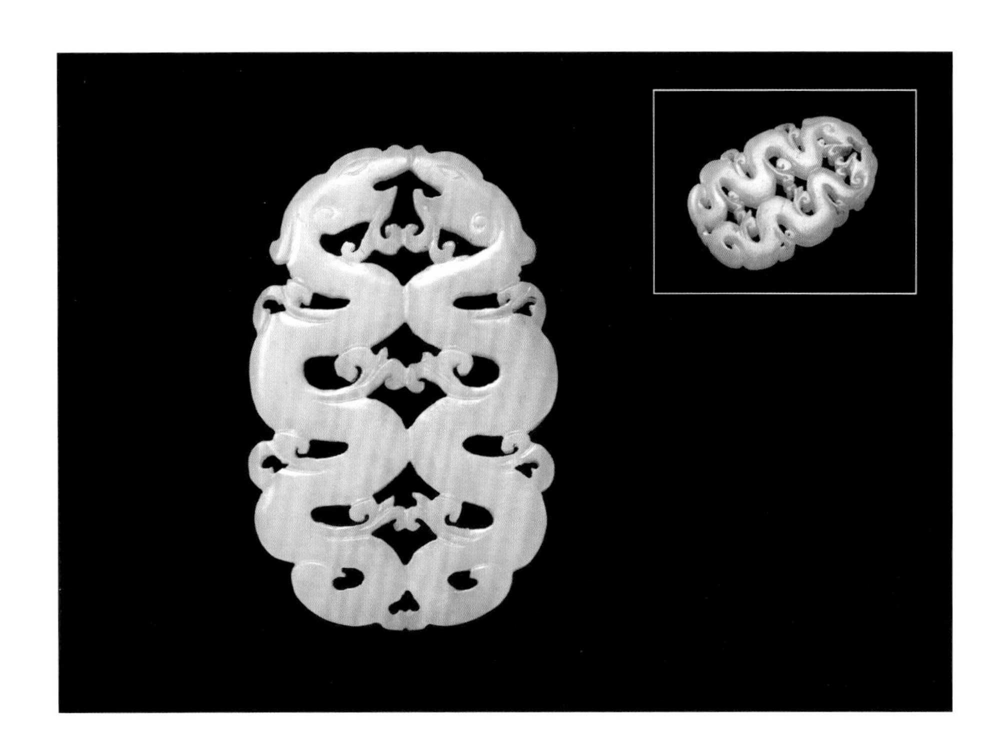

清代和田白玉双龙报喜佩

长76毫米，宽30毫米，厚17毫米，重12克

龙的意象和图腾，在中国传统文化和艺术发展上都有举足轻重的地位。自伏羲、神农、黄帝、尧、舜、禹起，都以龙的图腾作为中华民族的族徽。在中国历史上，历朝历代都不断有龙的传说和神话出现，例如，神农氏炎帝的母亲就是在华阳见到一条神龙后，感而有孕生下了炎帝；又传说炎帝生下来就具有龙的容颜。

此外，也有黄帝乘龙升天、应龙助黄帝战胜蚩尤等故事；夏禹治水时，神龙还以尾巴划地成河道，帮助他疏导滚滚洪流；而汉高祖刘邦，传说是其母梦见与赤龙交合而生下了他。

此件双龙佩器形圆润，龙身蜿蜒流畅，组合成一个意象的“囍”字，匠师的工艺成就及艺术水平已达到出神入化的境界。

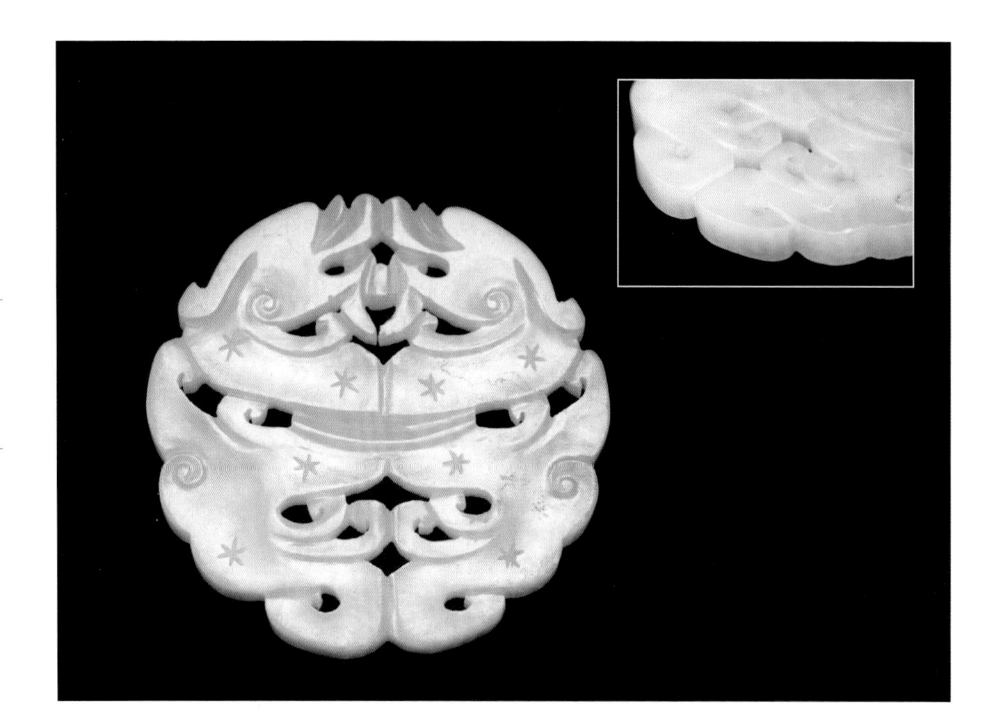

明代和田白玉双龙佩

长58毫米，宽58毫米，厚5毫米，重35克

古人将麒麟、凤、龟、龙合称为四灵，认为麒麟是兽类之首，凤是鸟类之王，龟是介类之长，而龙是水中鳞类之尊，此四灵被视为祥瑞、和谐、长寿、高贵的象征。

殷墟出土的玉器中，与龙有关的器物有龙纹璧、龙纹玉玦、龙凤玉佩，以及立体雕刻的玉龙等。商周玉器上的龙纹，大多以蛇躯呈现，身上有象征性的曲线鳞纹，头部有角。

到了春秋战国时期，龙纹的风格开始改变，战国的龙纹特别强调动态与曲线的运用，有的螭龙甚至表现为兽首，并出现云卷鳞纹，使整体造型看来更为优雅，不似早期呆板的严肃造型。

本件双龙佩造型相当特殊，以简约的几何图形将左右对称的双龙结合为一完满的圆形。深浅不一的浮雕工法创造出立体视觉，雕工大开大合，粗中有细，整体结构缜密，玉质白皙，为典型明代玉龙佩中的佼佼之作。

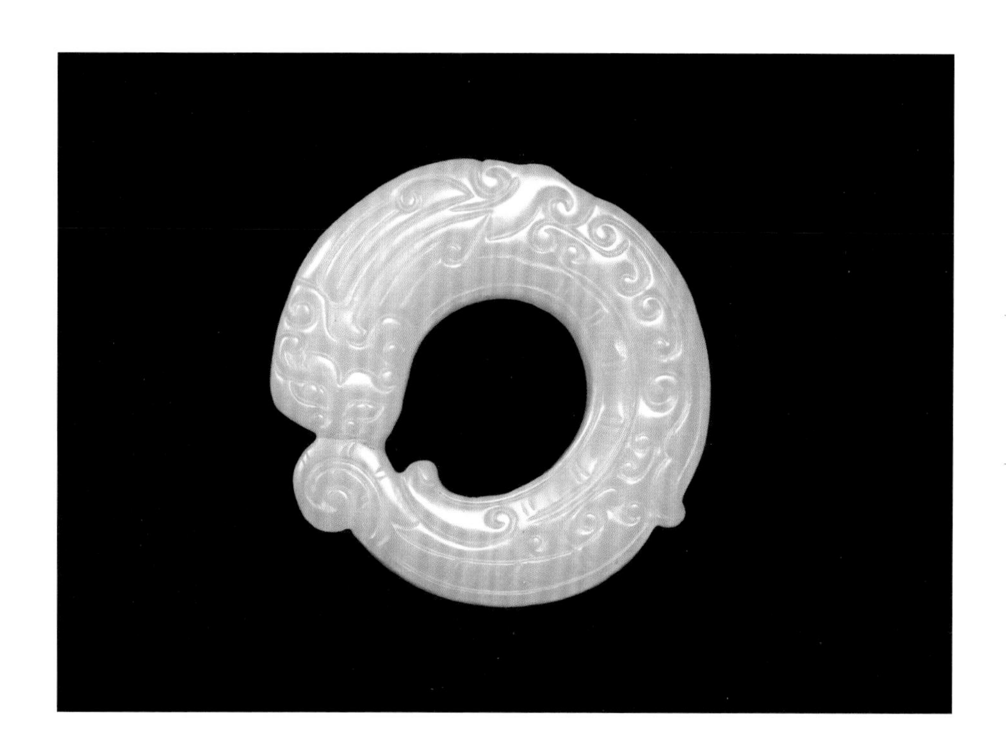

清代和田白玉咬尾龙佩

长36毫米，宽32毫米，厚6毫米，重26克

汉代时期，在仙道思想的影响下，龙的形象更为丰富，出神入化，变化莫测。汉代长沙马王堆出土的西汉帛画上的龙纹，做张口吐舌状，身上除了鳞片，还有羽翼，以及4只长了锐爪的兽足。

由于受到阴阳五行学说的影响，汉代也流行“四灵”（青龙、白虎、朱雀、玄武）并绘。而从汉高祖刘邦开始，龙便成为皇族的专属象征，并禁止皇族以外的百姓以龙为装饰，从皇宫建筑到宫廷器物的装饰，都常见到龙的纹饰，代表着皇权至高无上的地位。

本件咬尾龙佩的造型取自衔尾蛇，这种吞食自己尾巴的形象，代表无限大、循环等。整个作品形态丰满，刻画生动，充满活力动感。龙身弧形圆满，对光可以看到细致的纹饰布满龙身，玉质精美，打磨光洁，略带土沁，可谓鬼斧神工的佼佼之作。

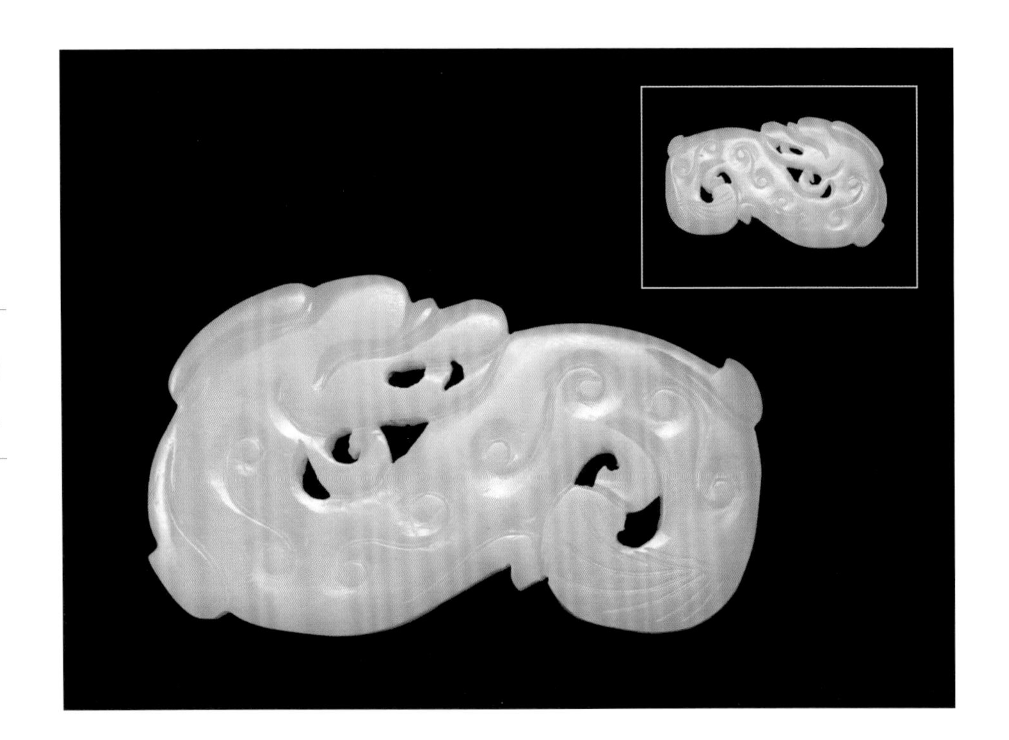

明代和田白玉龙纹佩

长72毫米，高35毫米，厚11毫米，重28克

龙纹的形制，随着各个时期的文化发展而有所演变，这种演变是渐进的。大致来说，在商周以前，龙纹的造型较为抽象，两汉至隋唐则渐渐趋于具体与写实。隋唐以后，龙纹的造型逐渐有了固定的结构，除了龙首、龙身、龙尾有一定样式外，龙角、龙须、龙爪、背鳍等部分也逐渐定型。

此外，汉代龙身上的羽翼，到魏晋时期仍然存在，但隋唐以后渐渐变形为飘羽，生长在头部与四肢，龙不再似兽，鳞片更为细密，并特别强调背鳍，和商周以前“龙蛇不分”的观念已相去甚远。

到了宋代以后，龙的造型开始规格化，也就是现今常见的龙纹形制：龙角似鹿角、龙鳞似鲤鳞、龙爪似鹰爪、龙身似蛇身。

本件龙纹佩器形呈S状，线条简约流畅，工艺粗犷大方，玉质白皙凝滑，略带金黄皮色，稍加把玩便能透出油亮光泽。

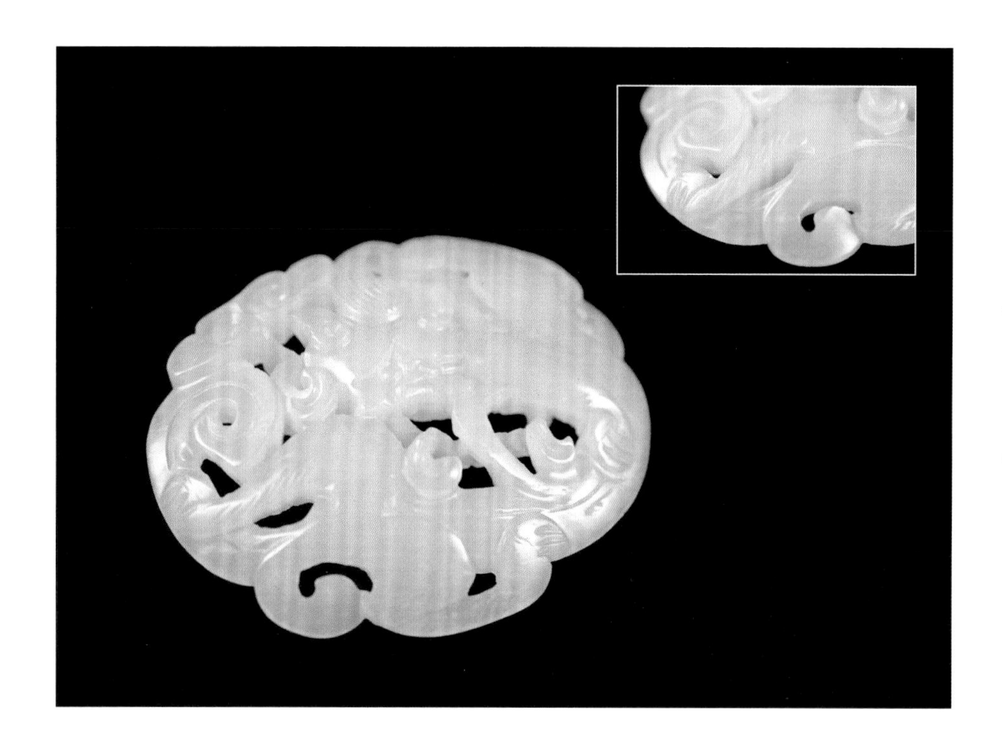

清代和田白玉螭龙佩

长55毫米，宽42毫米，厚8毫米，重20克

螭龙据传是龙生九子中的老二，是一种没有角的龙。龙虽然是传说中的动物，但古人却煞有其事地将龙分为4种：有鳞者称蛟龙，有翼者为应龙，有角者叫虬龙，无角者为螭，如《广雅》所说："有角曰虬，无角曰螭。"

龙与蟒的外形相似，区别在于脚上的爪，只有皇帝才能使用五爪的龙来装饰，少一爪者只能称为"蟒"。以清代为例，亲王的朝服一般都是龙袍，而贝勒是蟒袍，五爪正龙图案则被认定是无上皇威的终极体现。《大清会典》还载明"五爪龙"官民不得穿用，"若颁赐五爪龙缎立龙缎，应挑去一爪穿用"的禁例。

螭龙有美好、吉祥的寓意，本件作品的螭龙形态活泼，纹饰部分搭配了云纹和灵芝纹，玉质白皙无瑕，抛光工艺更属上乘，值得细细把玩品味。

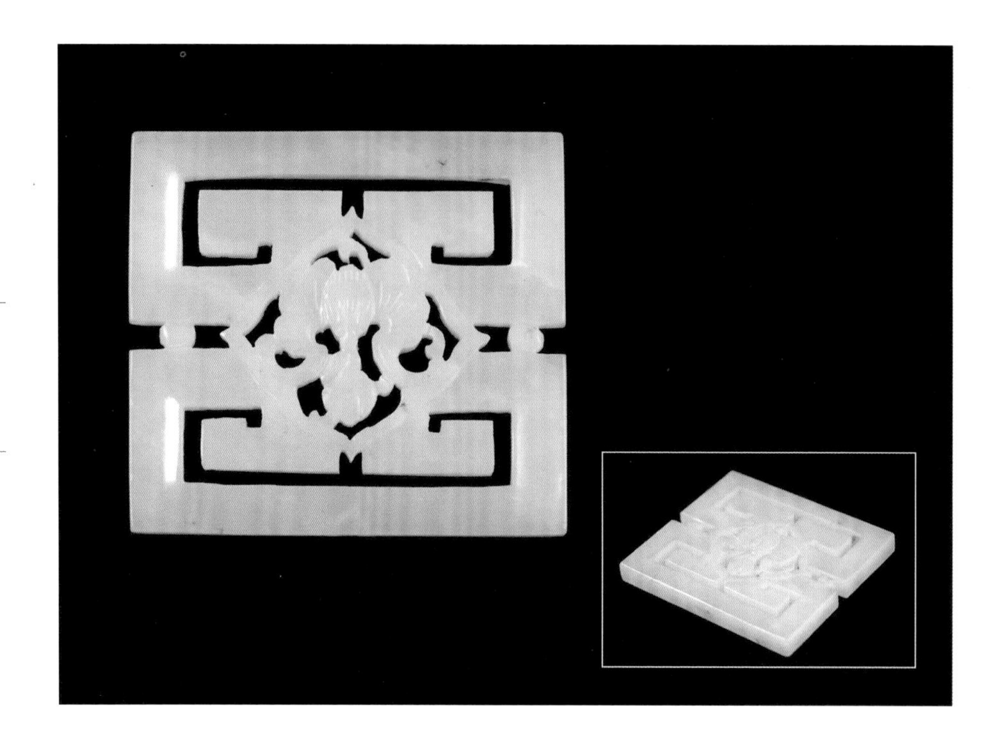

明代和田白玉福寿双全工字佩

长63毫米，宽58毫米，厚6毫米，重54克

工字佩的形制源自于汉代的司南佩，与翁仲、刚卯并称为汉玉辟邪三宝。司南是中国古代辨别方向用的一种仪器，引申其寓意，也有指引人生方向的含意，在汉代十分流行。

标准的汉代司南佩长约一寸（约3.33 厘米），若工字形，横腰环一凹槽，中刻一如意，下雕一圆盘，形制特殊，属于汉代玉器中的珍品。

汉代卜栻（占卜时日的用具，即后来的星盘）风潮极盛，最简单的方法便是使用司南，利用磁石指示方向，带有磁性的柄总是指向南方，汉人便以此来占卜吉凶。也因如此，汉人相信出门佩带司南可保吉祥安康。

此件明代工字佩玉件大气十足，正中刻有蝙蝠和寿桃组成的福寿纹，玉质通透，有少部分受沁，显现出明代玉器大巧不工的特性。

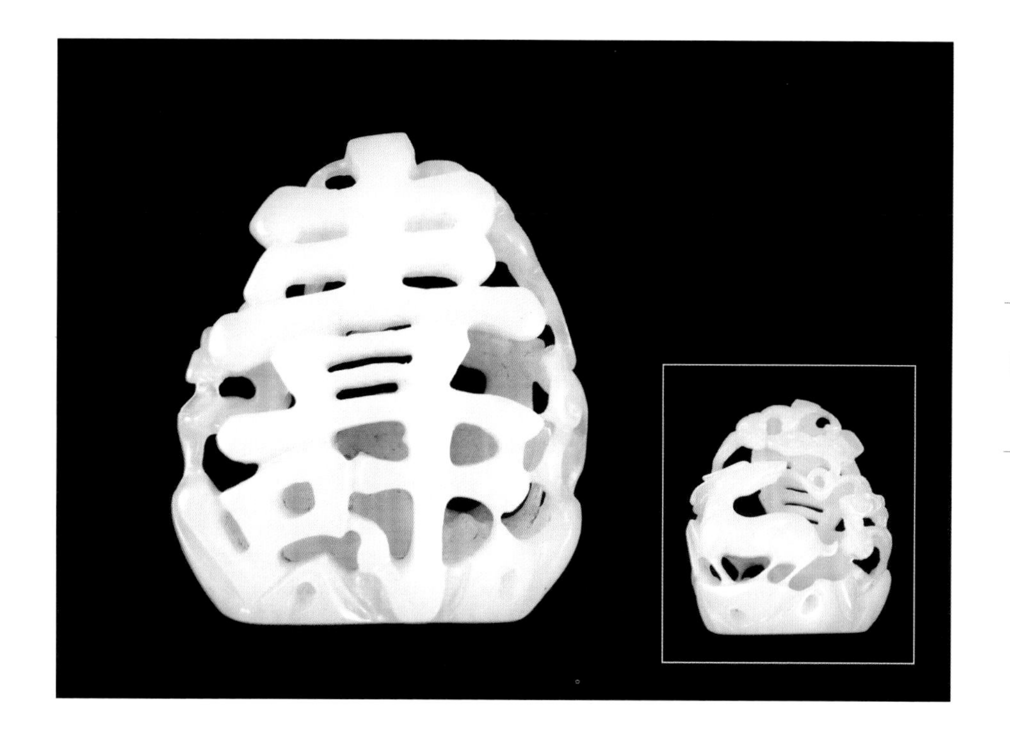

明代福禄寿白玉圆雕山子

长53毫米，宽46毫米，高22毫米，重46克

在玉器之中，也有呈现中国文字之美的“文字玉”：玉雕师傅会以玉作为书写的材质，在玉上雕琢形形色色的文字。将吉祥文字刻在玉件上佩戴，是中国人自古以来就有的传统。

至于如何将文字的美感表现于玉件上，要看玉雕师傅的功力，不同于平面的书法，玉雕师傅以立体方式雕刻，更能呈现出文字的多元变化。

文字玉中，有以单一字体呈现的，最常见的如福、寿、禄、喜这4个字，也有福、禄、寿3个字雕在一起的。而文字玉牌上的纹饰，则以代表福字的蝙蝠、代表禄字的鹿、代表寿字的寿翁最为常见。

本件玉件为文字玉牌中难得一见的圆雕类作品，以口衔灵芝的梅花鹿和蝙蝠搭配正面的寿字，福、禄、寿一体，玉质白皙无瑕，既珍贵又有满满的祝福之意。

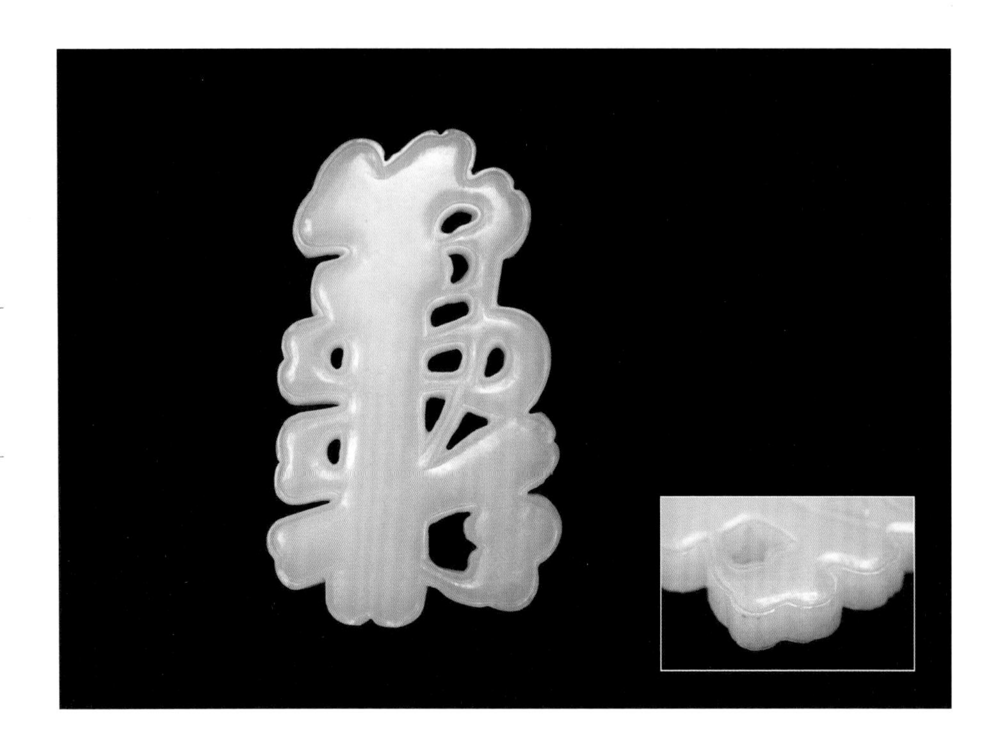

明代和田白玉寿字佩

长70毫米，宽41毫米，厚8毫米，重47克

寿为五福之首，《尚书》记载的五福是寿、富、康宁（健康）、攸好德（好德行）和考终命（善终）。长寿是人生第一至愿，早在东汉时期，民间就有祭寿星祈寿的仪式。

寿星为长寿之神，又称南极仙翁或长生大帝，其形象一般为额部隆起、须发皆白、面容红润的和蔼老人，一手持拐杖，一手捧仙桃，骑着白鹿或白鹤。

祭祀寿星的仪式，后来与敬老活动结合，在祭拜寿星的同时，要向长寿的老人赠送拐杖，祈求老人家能长命百岁。“尊长敬老”是中华民族的优良传统，在古代，若有人过寿，家里便会挂上大红寿幛，在厅内自设寿堂，并摆放寿面、寿果和米制的寿桃来庆贺。

本件寿字佩造型圆融饱满，字体工整，浑厚有力，雕工十分讲究，以浅浮雕方式衬托出整体玉质的油润光泽，相当讨喜。

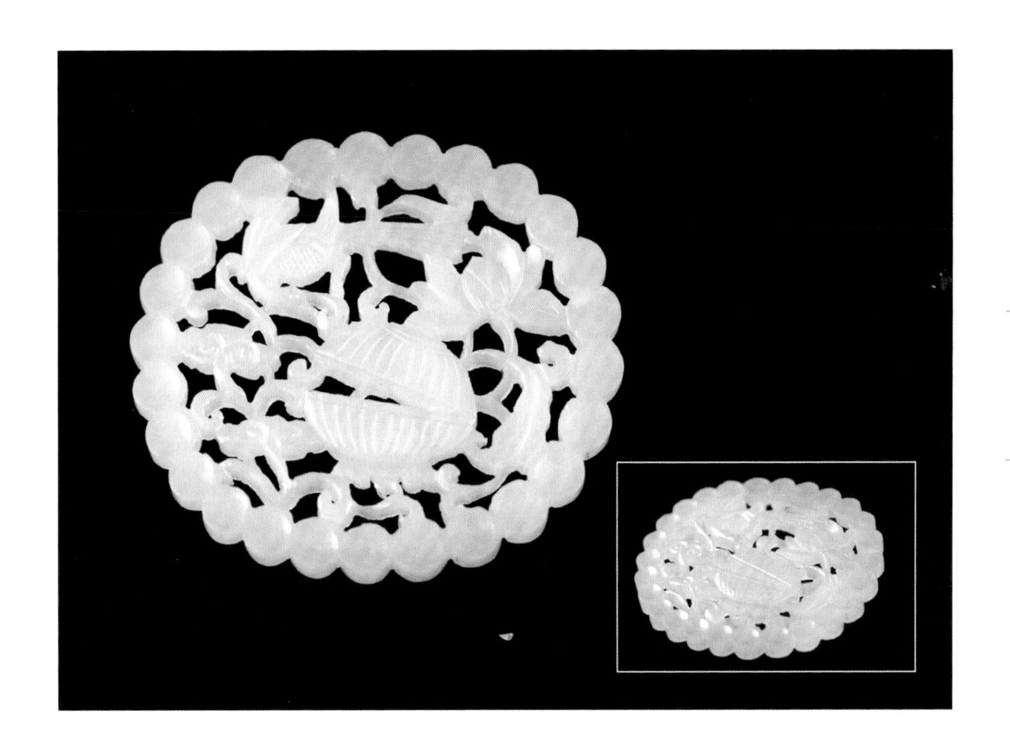

明代和田白玉和合二仙连珠纹佩

长59毫米，宽55毫米，厚4毫米，重32克

唐代以后，民间以喜神和合二仙为掌管婚姻之神，据传只要诚心祈求，便能保佑夫妻之间婚姻美满、情侣之间情意绵绵，以及朋友之间的友谊长存。若祝贺友人结婚，送和合二仙的玉器最适合了。

充满喜乐的和合二仙通常以绘画、泥塑或雕刻方式来表现：寒山开口大笑捧着宝盒，而拾得则手持盛开的荷花迎向他。明清玉器中，和合二仙以镂雕玉佩为多，圆雕则较少见。

有趣的是，有些作品采取“以物代人”的方式：用“荷花”代表拾得，取“和”的谐音，用“宝盒”代表寒山，取“合”的谐音。本件环形佩中，就是以上下成对的盒子和一朵荷花来表现。此件环形佩为单面工，玉质通透，雕工精细且寓意美好，值得收藏。

清代鸾凤和鸣玉堂富贵锁片

长73毫米，高53毫米，厚5毫米，重48克

牡丹自古就有“花中之王”的美誉，也是富贵的象征，自唐代以后，就成了民间所爱及文人、画家笔下常见的花卉。牡丹与白头翁鸟一起入画，叫“富贵白头”；牡丹与玉兰、海棠相配，就叫“玉堂富贵”。

在北京颐和园内有一座乐寿堂，建于清乾隆十五年（1750年），是园内位置最佳的居住和游乐之处；乐寿堂中植有玉兰、海棠、牡丹，取的便是“玉堂富贵”之意。

玉堂是汉代的宫殿名、官署名，也作为宫殿的通称。宋以后翰林院也称玉堂，另外又指神仙所居之处或豪富的宅第。不管玉堂所指为何，都具正面含意，“玉堂富贵”不是赞颂府第辉煌、荣华富贵，就是祝愿职位高升、既富且贵，因此常见于绘画、瓷器、玉器上。

本件作品正面刻有“玉堂富贵”四字，背面则为花卉纹饰，配以鸾凤和鸣图腾，造型相当讨喜。

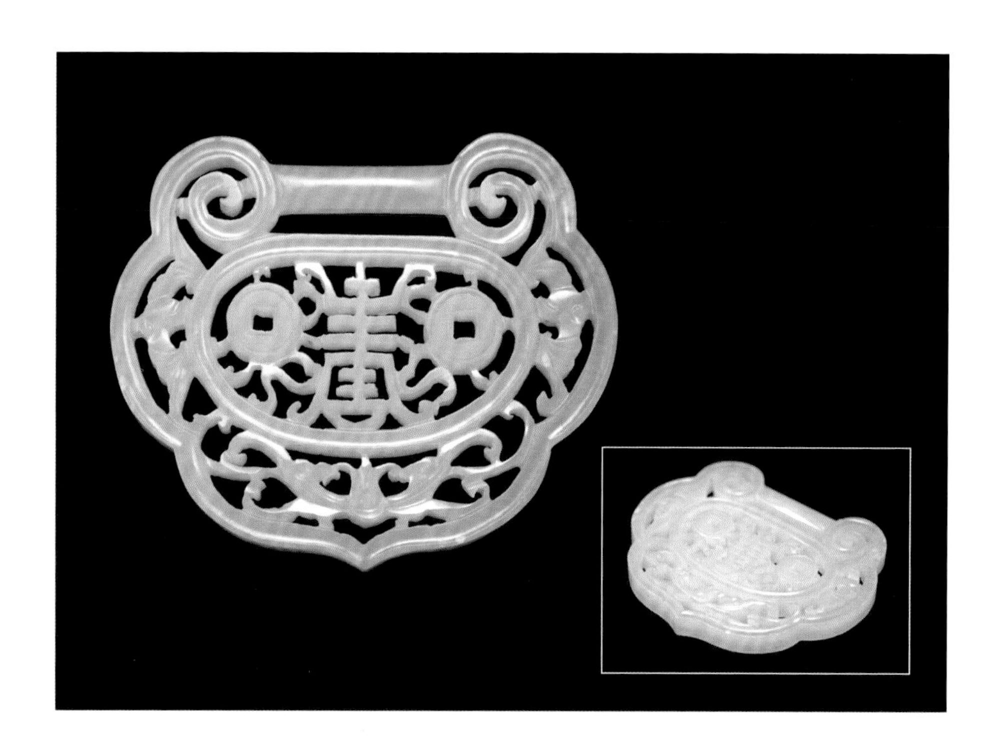

清代和田白玉福寿双全在眼前双面镂雕锁片

长74毫米，宽68毫米，厚6毫米，重45克

锁片是中国人独有的饰物，中国人佩戴锁片的习惯，最早可追溯至夏商周三代。

据传夏朝第六代君主少康，从小因战乱颠沛流离、四处逃难、寄人篱下。在这样的环境下，母亲便打造了一把长命锁让少康一直戴在颈上。之后，少康果然多次逢凶化吉，更得虞氏君主的帮助，成功剿灭寒浞党人，还都阳夏，专心农业水利，使夏朝国力更胜以往，后世称之为“少康中兴”。

自此之后，佩戴长命锁片的习俗便流传了下来。时至今日，每逢小孩满月之喜，亲友仍会送上金锁片祝贺。在中国人的观念里，锁片不但锁住了健康长寿，更凝聚了父母对儿女的深切盼望。

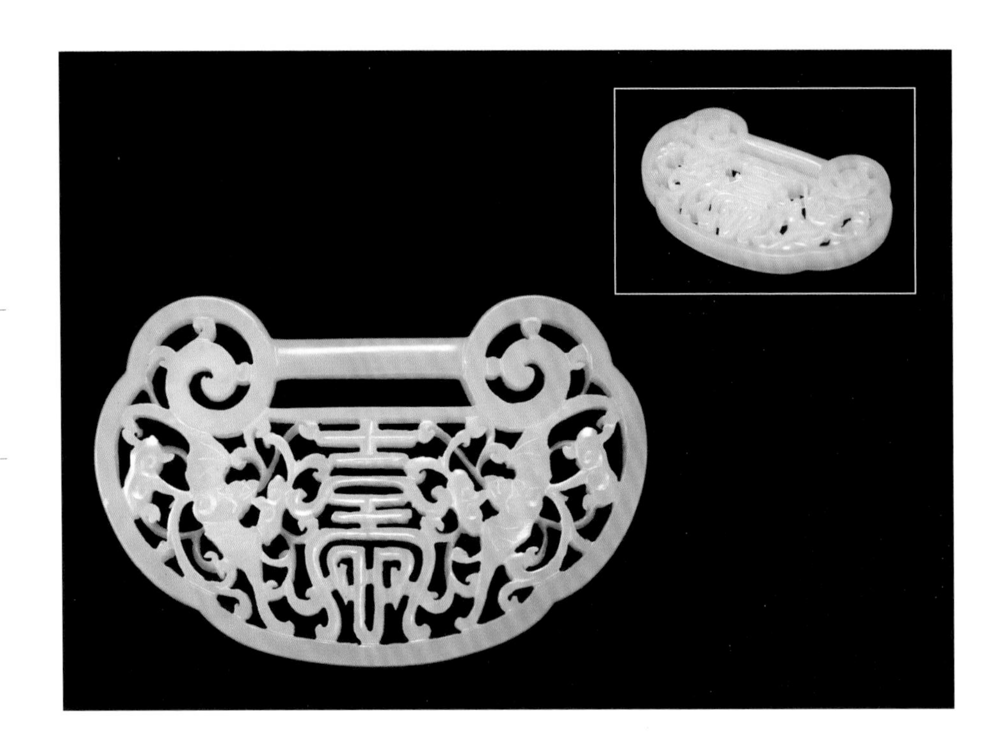

清代和田白玉赐福添寿双面镂雕锁片

长72毫米，宽48毫米，厚6毫米，重32克

中国人一向好礼，无论是父母过寿、新人结婚，还是小孩满月，亲友都会送上礼物以示祝贺，其中，各种材质的锁片，便是古时常用来作为礼品的器物形制。

锁片材质种类繁多，除了玉器之外，常见的还有金、银、铜、鎏金、木、贝壳、象牙等，而其上的纹饰多以吉祥文字和图案组合。一般象牙锁片，会以双面雕刻吉祥文字为主，如“福如东海”“寿比南山”“长命富贵”“多子多孙”等；而玉制锁片多以图腾和文字组合，在雕工技法上更为多变，有浅浮雕、镂雕等。

古人相信，随身佩戴各种形态的吉祥纹饰锁片，就能将福气锁住，永保安康。本件作品以两只蝙蝠和一个寿字组合为“赐福添寿”的吉祥纹饰，镂雕工艺精良，玉质极佳，抛光一流，光彩夺目。

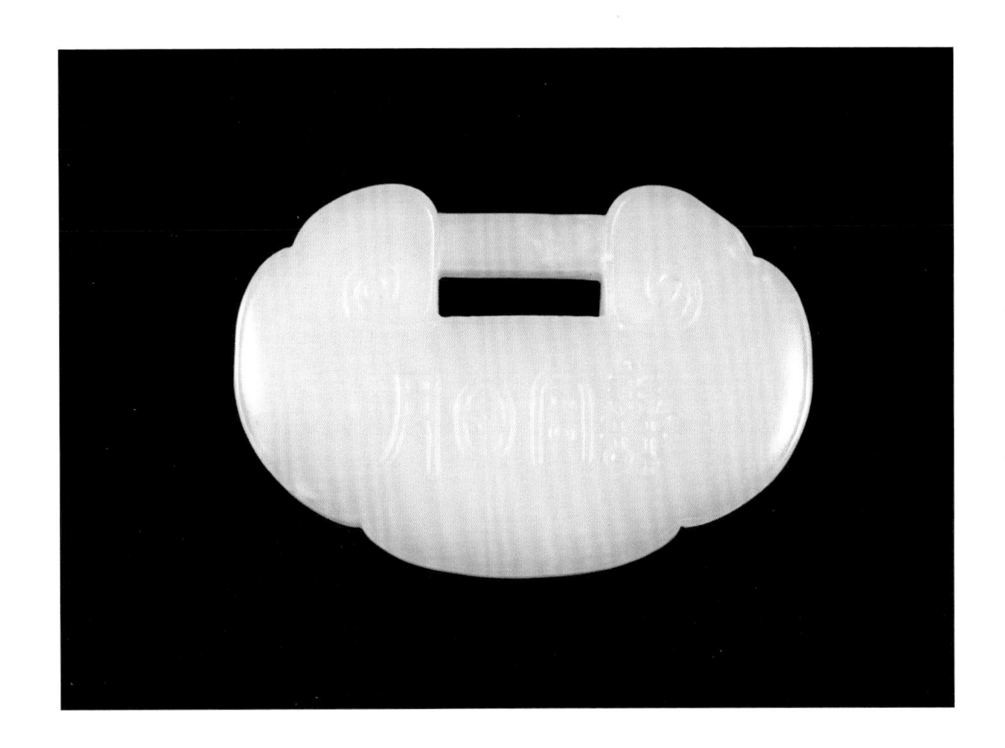

明代和田白玉寿同日月锁片

长88毫米，宽56毫米，厚6毫米，重75克

以桃祝寿的习俗，可以上溯至战国时期。相传兵法家孙膑少年时便离家远行，拜纵横家鼻祖鬼谷子为师，一去便是 12 年，直到母亲八十大寿之日才荣归故里。

寿宴间，孙膑从怀里取出一个师尊鬼谷子赠送的蟠桃给老母亲吃，没想到蟠桃还没吃完，母亲的满头白发竟长出了黑色发根，双眼更恢复到年轻时的视力，原本已掉光的牙齿也长了出来，皮肤更变回光滑有弹性，令人啧啧称奇。此后，准备寿桃祝寿的习俗便传开了。

之后又有“白猿献寿”等有关寿桃的传说，寿桃便成了贺寿的最佳代表性图案。本件白玉锁片用料大块，纹饰简洁饱满，大巧不工，属于典型的“粗大明”风格。

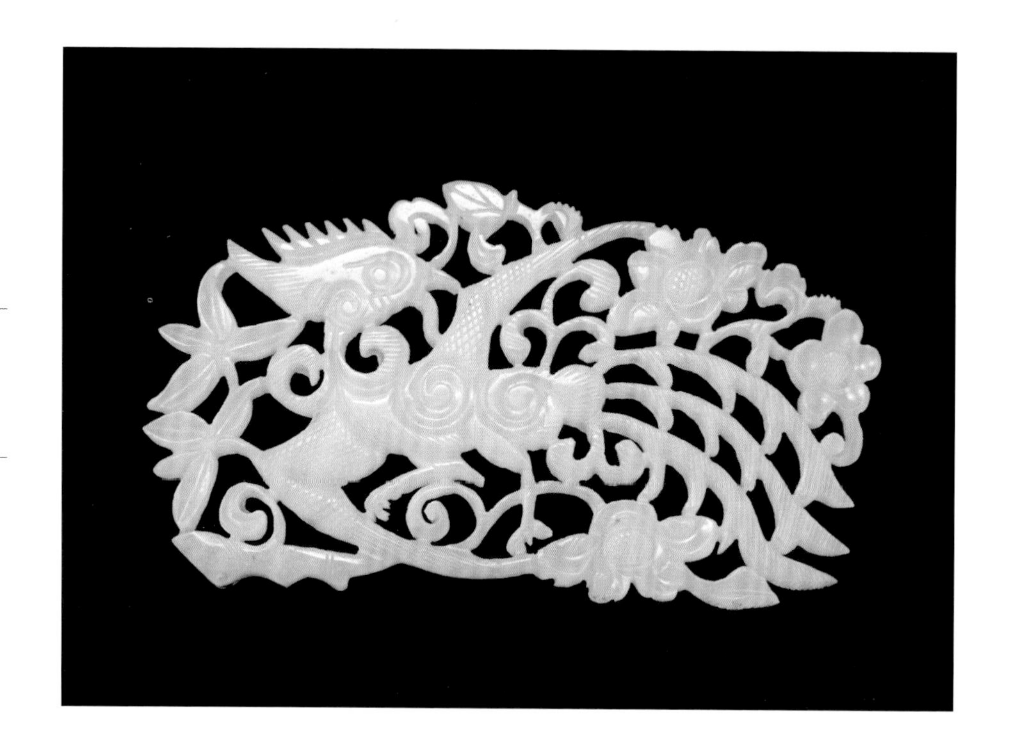

明代和田白玉凤穿牡丹花片

长78毫米，高39毫米，厚4毫米，重10克

古人视凤凰为祥瑞之鸟，认为若逢太平盛世、君王仁德，凤凰便会现世。据传黄帝之子少昊及周成王即位时，都曾有凤凰飞来庆贺的“瑞应”。

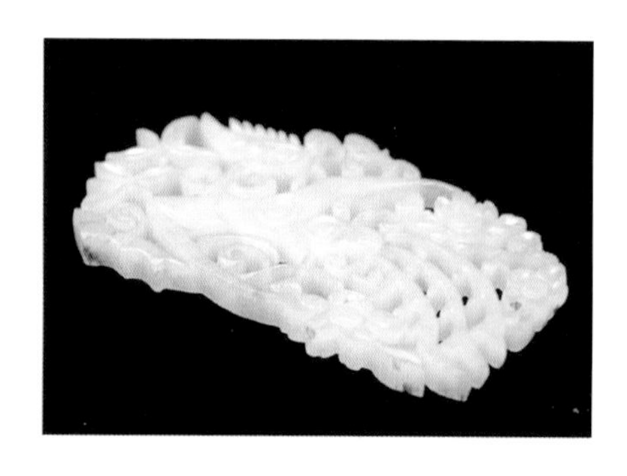

凤凰这种神鸟究竟是什么模样呢？古人用5种动物的组合来形容：鸡头、燕颔、蛇颈、龟背和鱼尾。羽色则是五彩色，站立足足有2米多高，还具有人类推崇的仁义礼智信五德，象征维系古代社会和谐安定的力量。

这件凤凰花片雕工细致华丽，构图灵巧缜密，以“鸟中之王”的凤凰搭配“花中之王”的牡丹，象征美好、富贵、祥瑞，实为巧匠妙手生花之作。

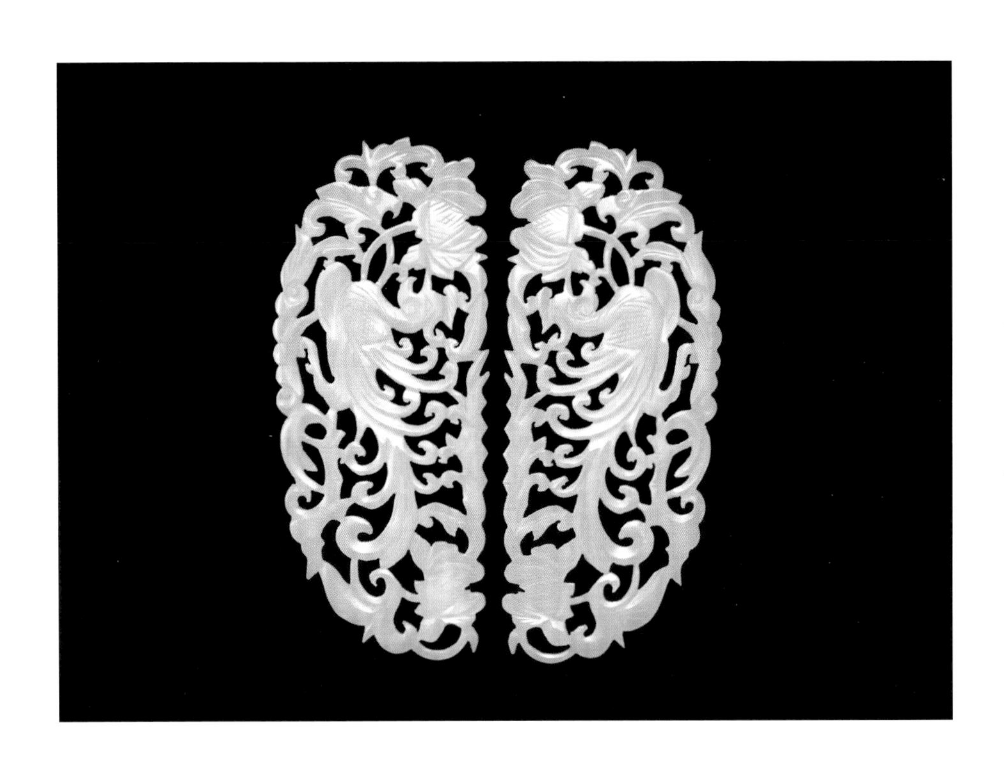

清代和田白玉凤凰花片（一对）

长90毫米，高39毫米，厚3毫米，重15克（单件）

中国人对于鸟类图腾的崇拜，起源于黄帝之子少昊。少昊又称穷桑氏、金天氏，名挚，相传是金雕化身，其建立的东夷族是史前时代最先进的文明部族，中国最古老的文字、弓箭、礼制，都是由东夷族创立的。

《山海经·大荒东经》载："东海之外大壑，少昊之国。"东夷族崇拜百鸟，不但以鸟为族徽，连文武百官的体制都用鸟来命名，比如凤凰通晓天时，负责颁布历法；鱼鹰剽悍有序，主管军事；鹁鸪孝敬父母，主管教化；布谷鸟调配合理，主管水利及营建工程；苍鹰威严公正，主管刑狱；斑鸠热心周到，主管修缮等杂务。

在东夷族的管辖范围内有玄鸟氏、青鸟氏等24个氏族，形成了一个以鸟为图腾的部落社会，因而又被称为鸟夷。

据说商朝建立者便是少昊的后裔，而对于鸟类图腾的崇拜，也反映在商代出土的文物上。

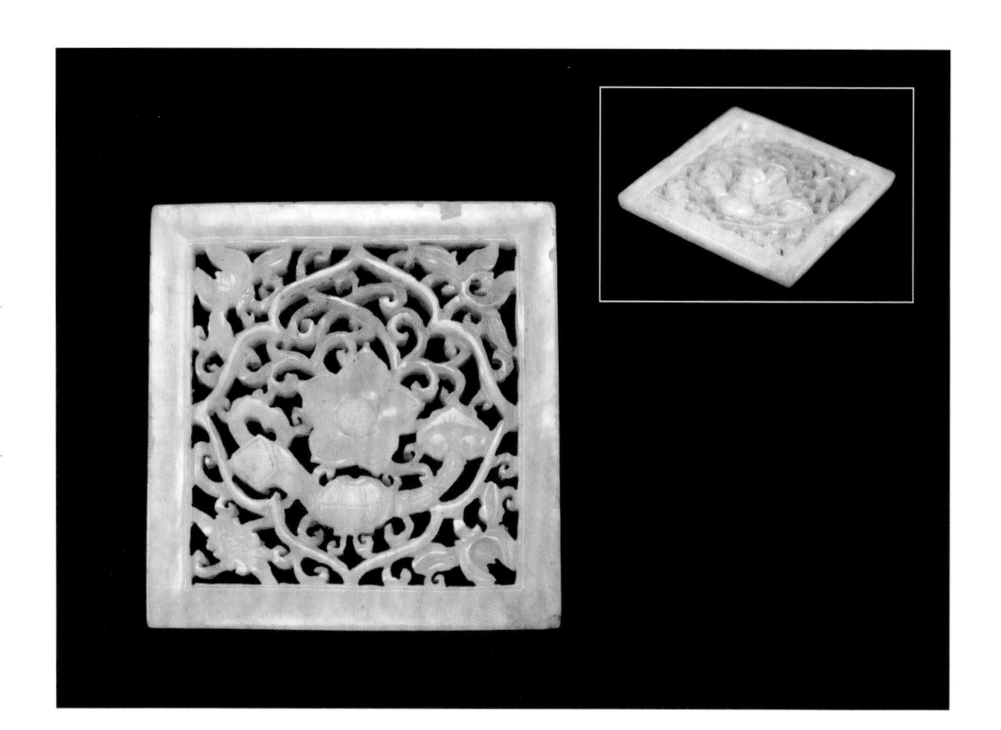

明代和田灰玉和合如意花片

长45毫米，宽45毫米，厚8毫米，重26克

历史上，玉器一开始是王侯贵族的专属用器，宋朝之后，才渐渐普及民间，让一些有消费能力的富贵人家也能够赏玩。

直到明清时期，由于玉料大量开采和工具技术的进步，玉器的普及度更高，让一般百姓都有机会佩戴使用，其中流传最广泛的，便是花片类玉器。

玉花片是明清两代传世数量最庞大的玉器种类之一，其造型多变，用途十分广泛，在工艺技法的运用上，也是所有玉器中最为精巧细致的。

本件作品以 4 朵盛开的牡丹花点缀于四角，中间以和合如意的图腾为主体，取“花开富贵、和合如意”的吉祥寓意，整体玉质白中带灰，造型古朴典雅，为明代花片中的难得佳作。

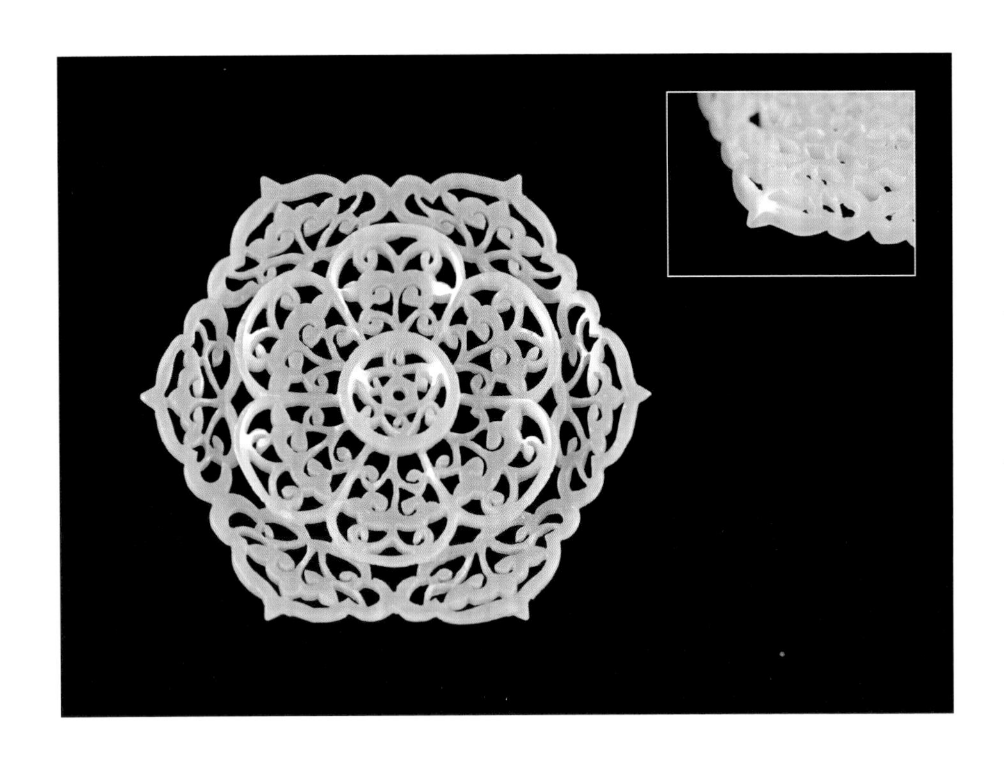

清代三层镂雕白玉花片

长69毫米，宽59毫米，厚7毫米，重21克

花片与中国传统的剪纸艺术息息相关，将平面的剪纸艺术转化为立体的镂雕工艺，是一种最自然的艺术演化与传承。

清光绪十七年（1891年），李澄渊绘制的《玉作图》，将古代玉器的制作过程描述得十分详尽，花片的制作工艺，便是这繁复工序的最佳体现。从捣砂和研浆开始，历经开玉、扎砣、冲砣、磨砣、掏膛、上花、打钻、透花、打眼、木砣、皮砣这12道精密的工序，才能完成一件美丽的玉花片。

精致的花片是应用于生活中最广泛的玉器，可缝制于衣服、帽子上当点缀，或镶嵌在各种器物上做装饰。

本件玉花片运用了镂空、高浮雕、多层次雕刻等多种高超的技巧，集古代制玉技术之大成，是玉花片中难得一见的绝品佳作。

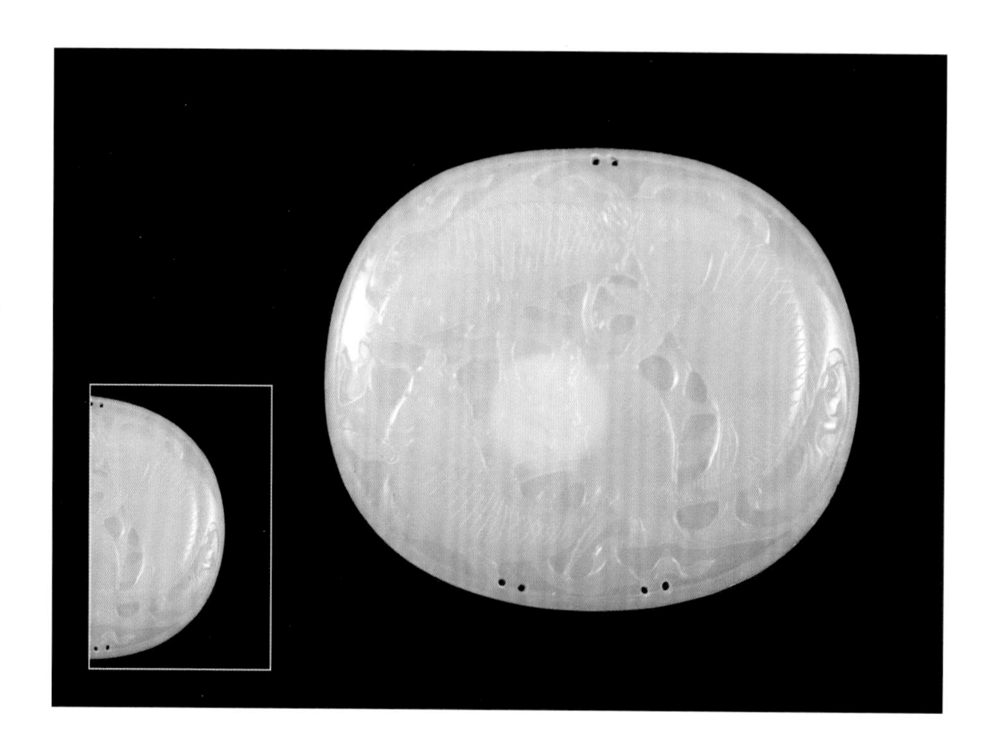

明代和田白玉鲤鱼跃龙门嵌件

长88毫米，宽75毫米，厚3毫米，重46克

鲤鱼是淡水鱼类，生长于河川中下游、湖沼、水库等，古人视鲤鱼为佳肴美味，有所谓的“金盘烩鲤鱼”；也有视鲤鱼为灵物者，所谓“鲤鱼跃龙门”，或为祭祀“獭祭鱼”用鱼。《尔雅》中将鲤鱼列为鱼类之首，《本草纲目》中也列之为31种鱼之冠。

由于“鲤”和“利”谐音，鲤鱼自古就是吉祥的象征，比如“富贵有余”“连年有余”多指鲤鱼。鲤鱼的地位在唐代最为尊贵，因“鲤”与皇帝“李”姓同音，鲤鱼遂成了皇族象征，皇室之中以鲤为佩，兵符也改用鲤符，制定了鱼符制度。当时为了避讳，尊称鲤鱼为“赤鱼军公”，并禁止食鲤、捕鲤、卖鲤，否则均要受罚。

本件嵌件上面刻有4尾不同大小、形态各异的鲤鱼，每尾鲤鱼都有不同的表情，匠师的工艺精湛，玉质通透白皙，令人赏心悦目。

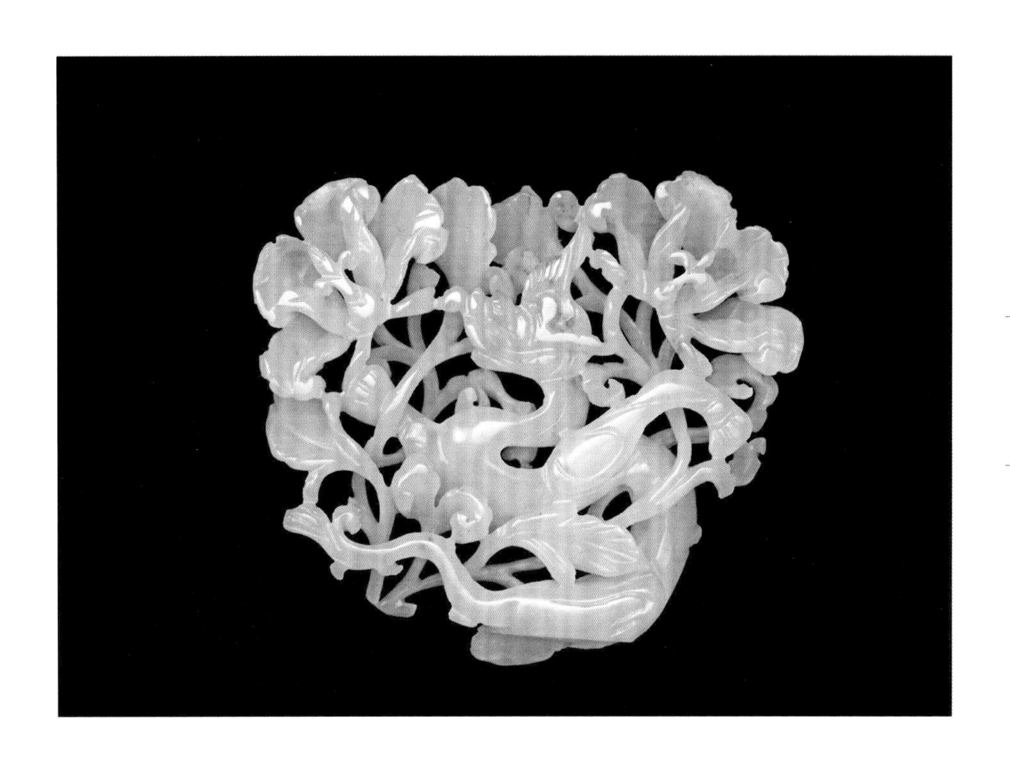

明代和田白玉衔芝螭龙镂雕嵌件

长58毫米，宽50毫米，厚12毫米，重31克

螭龙，也叫草龙，《汉书》文颖曰："龙子为螭。"民间认为螭龙能大能小，极为善变，可驱邪避灾，寓意吉祥如意、心想事成，也象征男女之间的情意绵绵。

《说文解字》释螭："若龙而黄，北方谓之地蝼，从虫离声，或云无角曰螭。"螭龙纹的形态，随着时代演变而略有不同。

（1）战国时期：眼部圆滚，鼻子较明显，眼尾处稍有细长线；耳朵像猫，形状偏方圆；腿部线条弯曲，爪的部分向上微翘。身上的附带纹饰一般都用阴线勾勒，其中有弯茄形滴水状的阴刻纹，是战国时代首创。

（2）汉代：特色是眉毛向上竖并往内钩，若隐若现，柔中有刚。

（3）元明时期：常仿制汉代的螭龙纹，但眉毛部分较深且粗，相对生硬许多，不如汉代螭龙纹的细致生动。

本件作品的螭龙形态生动活泼，线条蜿蜒流畅，雕工精致细腻，玉质通透白皙，略带墨点，为难得一见的明代玉件佳作。

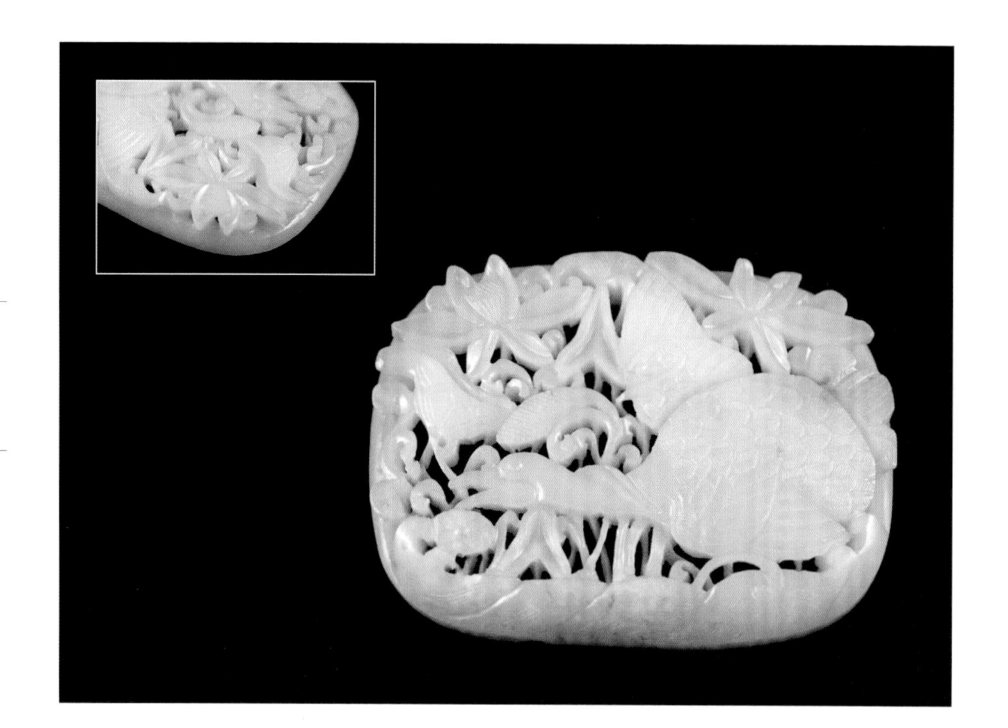

明代青玉鹅戏莲嵌件

长101毫米，高76毫米，厚11毫米，重153克

书圣王羲之爱鹅成痴，他模仿鹅的形态挥毫转腕，所写的字刚中带柔、雄厚飘逸。

山阴有一道士，希望王羲之能为他抄写一部道教经典《黄庭经》，但二人素不相识，不敢贸然提出要求。后来道士听说王羲之爱鹅，于是费尽心思养了一群气宇轩昂的白鹅相赠，并提出写经的请求。

王羲之见到这群雄赳赳、气昂昂的白鹅十分高兴，立刻提笔疾书，花了大半天时间，才将《黄庭经》完成并赠予道士。

这部《黄庭经》被后世称为“右军正书第二”（王羲之官拜右军将军），因道士以鹅相换的典故，又被称作《换鹅帖》。

本件玉鹅戏莲玉材大块、质地佳，雕工典雅细致，刻画出白鹅的长颈和丰盈的体态，以及悠然自得嬉戏于莲间的生动神态，实为难得一见的大型嵌件佳作。

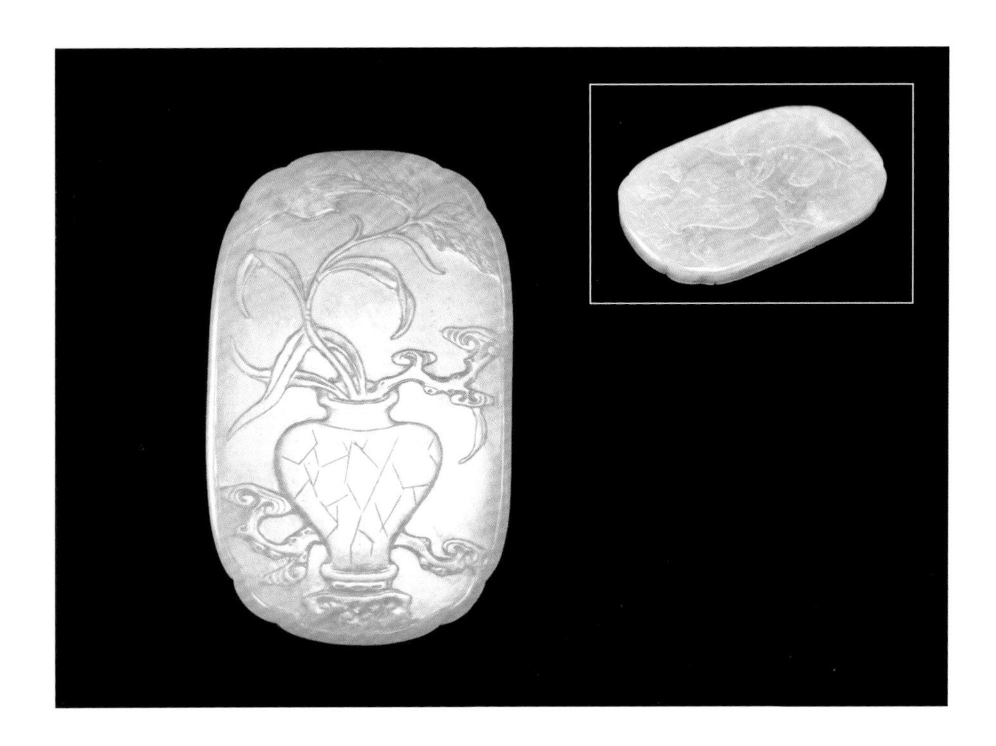

清代痕都斯坦方形嵌件

长110毫米，宽70毫米，厚7毫米，重33克

乾隆皇帝爱玉成痴，朝廷的造办处为了制玉所投下的人力和物力远超过史上任何一个朝代。乾隆皇帝本人不仅藏玉赏玉，还亲自参与鉴别，更常在自己喜爱的玉器上题诗赞咏，称为“御题诗”。

“痕都斯坦”为“Hindustan”的音译，由乾隆皇帝亲自命名，泛指北印度地区，包括现阿富汗东部和巴基斯坦北部。这个地区在1526～1857年曾是莫卧儿帝国的属地。

从17世纪开始，莫卧儿帝国大量征收亚洲、波斯的工匠，专为宫廷制作大量精良、高雅、带有伊斯兰风格的玉器，这些风格独特的玉器被称为“痕都斯坦”玉器。

本件薄胎嵌件作品玉质白皙通透，由花、鸟、瓶和枝叶结合为一幅趣味横生的生活写实画，该纹饰有着浓厚的时代文化意韵。

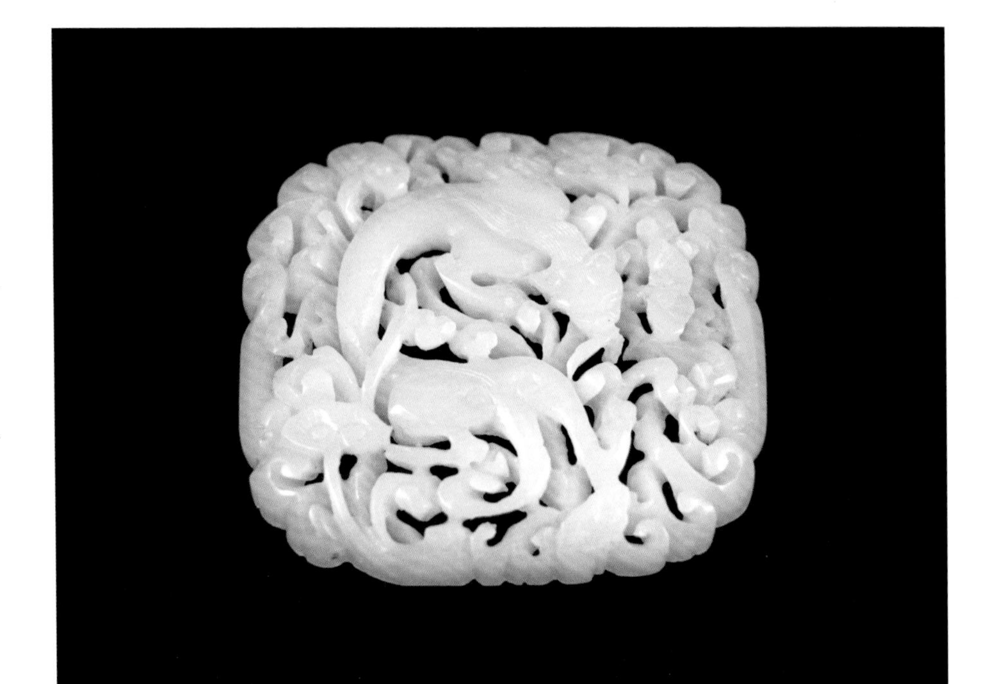

明代白玉镂雕螭纹衔芝嵌件

长60毫米，高58毫米，.厚7毫米，重41克

眉毛向上竖并往内钩，刻画浅，若隐若现，柔中有刚，这是汉代螭龙纹的特色。元明时期常常仿制汉代的螭龙纹，但眉毛部分较深且粗，相对生硬许多，不如汉代螭龙纹的细致生动。

明代的螭龙，头形较短，额部较细，并多有刻纹；眼部形式不固定，圆圈、三角形、橄榄形、倒八字形、梳形目或虾米形目（主要是带钩上的螭）等都有。

明代螭龙的毛发或向身侧飘动，或有贴着肩部随颈飘动，也有分两股拂飘及上冲等多种造型。背部、腿上和颈上都刻有毛须或类似羽翼的饰物。

此件螭龙衔芝嵌件的玉质白皙，右侧略带糖色，构图细致精巧，做工一丝不苟，为极品佳作。

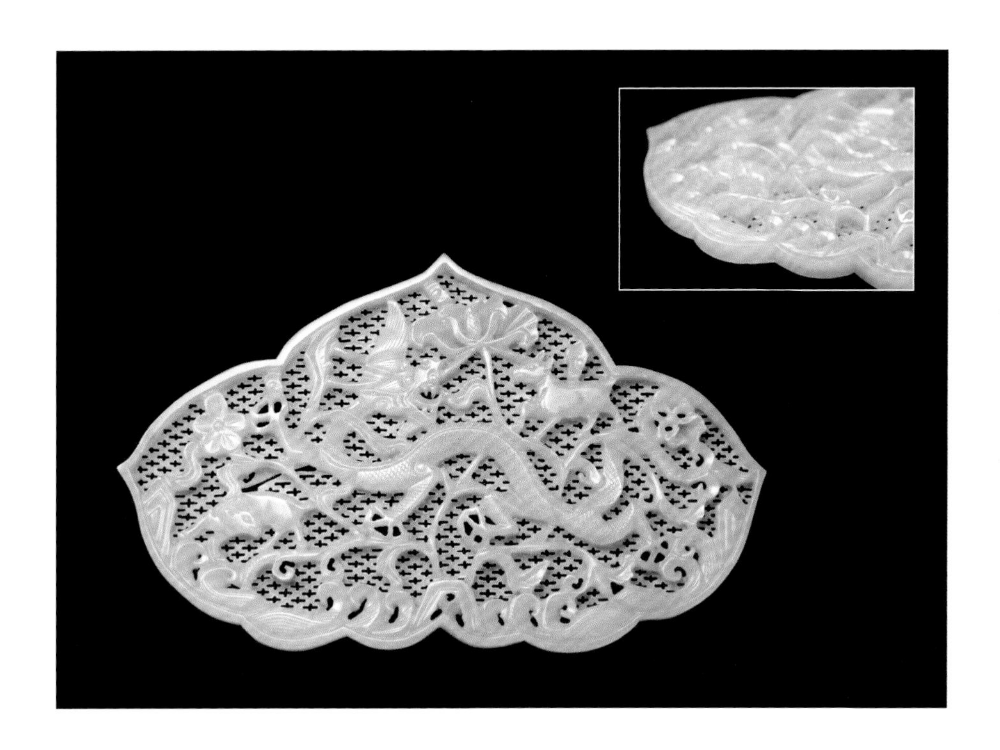

清代和田青白玉龙纹大型嵌件

长182毫米，宽92毫米，厚10毫米，重52克

不少以“龙”字命名的地方，大多流传着属于当地的龙族神话。以黑龙江为例，传说从前江中有一条白龙危害百姓，后来江边的一个村子里有一户李姓人家产下一子，小孩皮肤黝黑油亮、体格健壮，是黑龙化身下凡。

有一天，小孩在母亲怀里吃奶睡着后，竟现出了原形，父亲返家看到一条黑龙趴在妻子怀里，顺手拿起镰刀，将小黑龙的尾端砍掉了一部分。黑龙一疼，嗖一声飞上了天，此时观音菩萨显灵，说小黑龙是来帮助村民除掉江中作祟的白龙的。于是，村民依照观音菩萨的指示在岸边支持，最后终于除掉了作恶多端的白龙。村民为了纪念小黑龙的功绩，就将该江取名为黑龙江。

本件龙纹嵌件玉质偏青，虽然体材庞大，但细部雕工仍十分精致讲究，是质量与工艺俱佳的重量级作品。

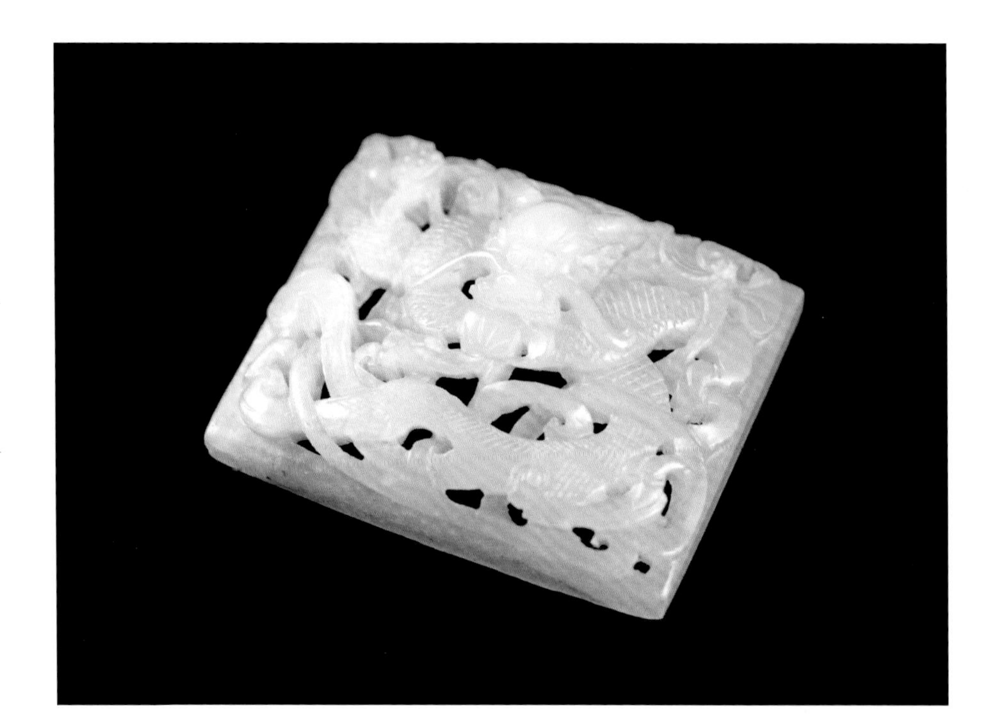

清代和田白玉云龙嵌饰

直径63毫米，厚6毫米，重26克

古代皇帝自称“真龙天子”，为上天“真龙”的化身。规定只有皇帝的随身物品和衣服才能绘制“五爪金龙”的形象，其他需要用到龙形的地方则使用“四爪龙”来区分。以此强调只有皇帝才是真龙，而其他的“四爪龙”不是“龙”。例如，古代中国皇帝对于周边属国使用龙形是有限制的，属国只能使用四爪或三爪龙形。

清代曾明文规定五爪龙、四爪蟒的规格，清初顺治年间，礼制尚未确定，还有混用不清的现象，但等到礼制确定后，龙归龙、蟒归蟒，各有所属。

本件云龙嵌饰采用高浮雕技法，雕工细致。龙首朝正，而龙的肢体缠绕着若有似无的云纹，更显其优雅尊贵的形象。

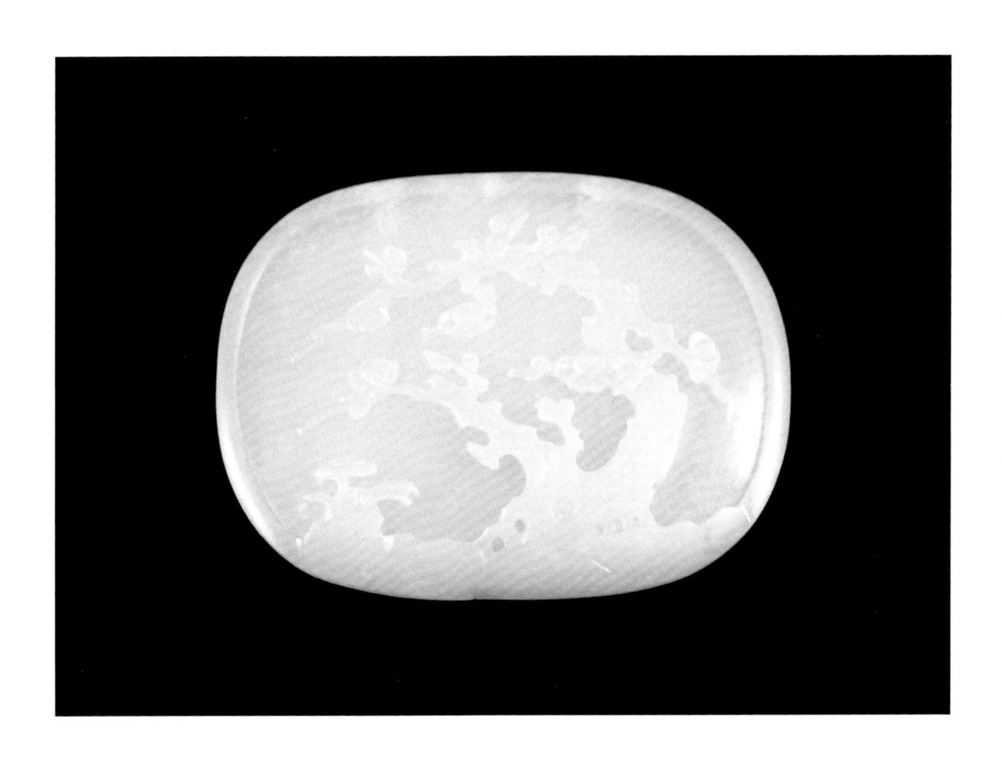

清代和田白玉桃芝嵌件

长85毫米，宽69毫米，厚7毫米，重72克

汉代东方朔的志怪小说集《神异经》中记载："东方有树，高五十丈，叶长八尺，名曰桃。其子径三尺二寸，小核味和，和核羹食之，令人益寿。"据说东方朔就是偷吃了王母娘娘的3个蟠桃，才能长命百岁的。

晋朝张华的《博物志》记载，汉武帝寿辰时，西王母从天而降，并带了7个仙桃，除了自留2个外，其余5个都献给武帝。武帝想将果核留下来种植，西王母却告诉他："此桃三千年一结实，中原地薄种之不生。"接着指着东方朔说："他之前偷吃仙桃三次！"此后，便有东方朔偷桃之说，东方朔也因此被奉为"寿翁"。

在贺寿图中，仙桃经常搭配灵芝一起出现，灵芝又称长寿草，《神农本草经》中记载，灵芝"久服轻身益气，不老延年"。

此件白玉嵌件相当雅致，玉质油润软糯，做工讲究，构图严谨，品相实属上乘。

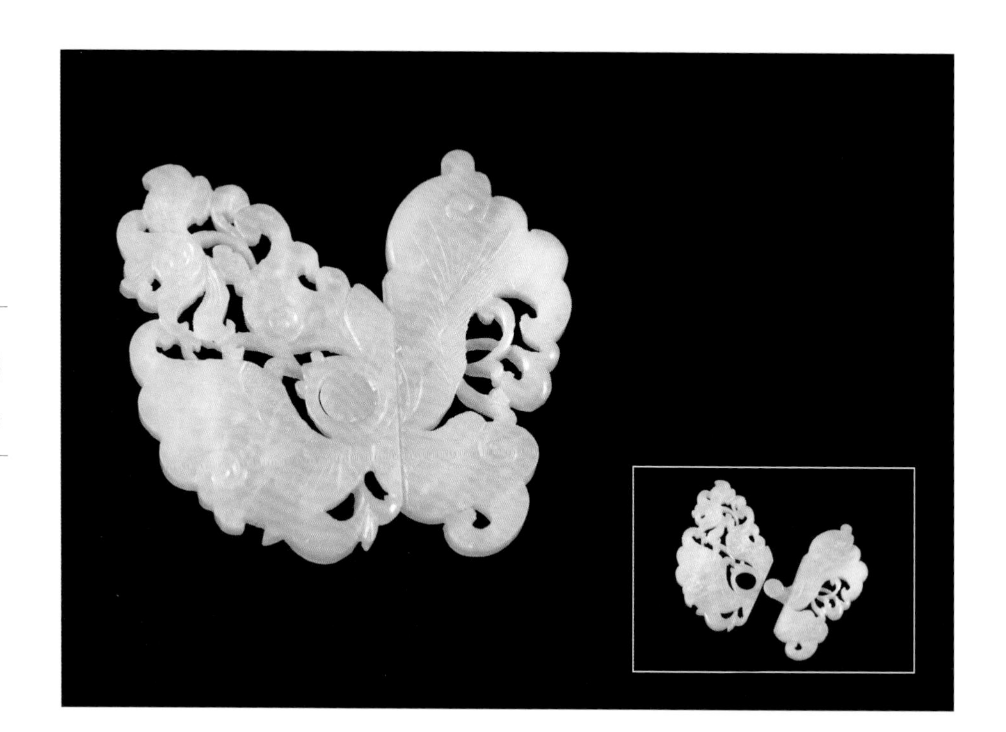

清代和田白玉蝶恋花搭扣

长85毫米，宽20毫米，高14毫米，重34克

搭扣又称塔扣，是连接两个物品用来扣紧的对象。此种形制的玉件始于明代，是缝制在衣服上的饰品，属于实用玉件。演变至今，便成了各式材质的纽扣。

由于是在衣物上使用的实用玉件，玉搭扣的形制较为扁平且轻薄短小，而最早的造型多为花草，与花片的形制相当类似。雕制玉搭扣，玉工要在同一块玉料上以纯熟精湛的技巧雕刻出襻（音判，扣住纽扣的圈套）和扣两部分，而襻和扣又能以巧妙的角度，结合为一块整体的佩件。

本件蝶恋花搭扣与一般两两相对的搭扣不同，襻和扣的部分并不对称，外形十分特殊，雕工细致，技巧卓越，是本类题材中难得一见的逸品。此外，搭扣以蝶恋花为题材，也将蝶恋花男女相悦的象征与搭扣的用途做了巧妙的结合。

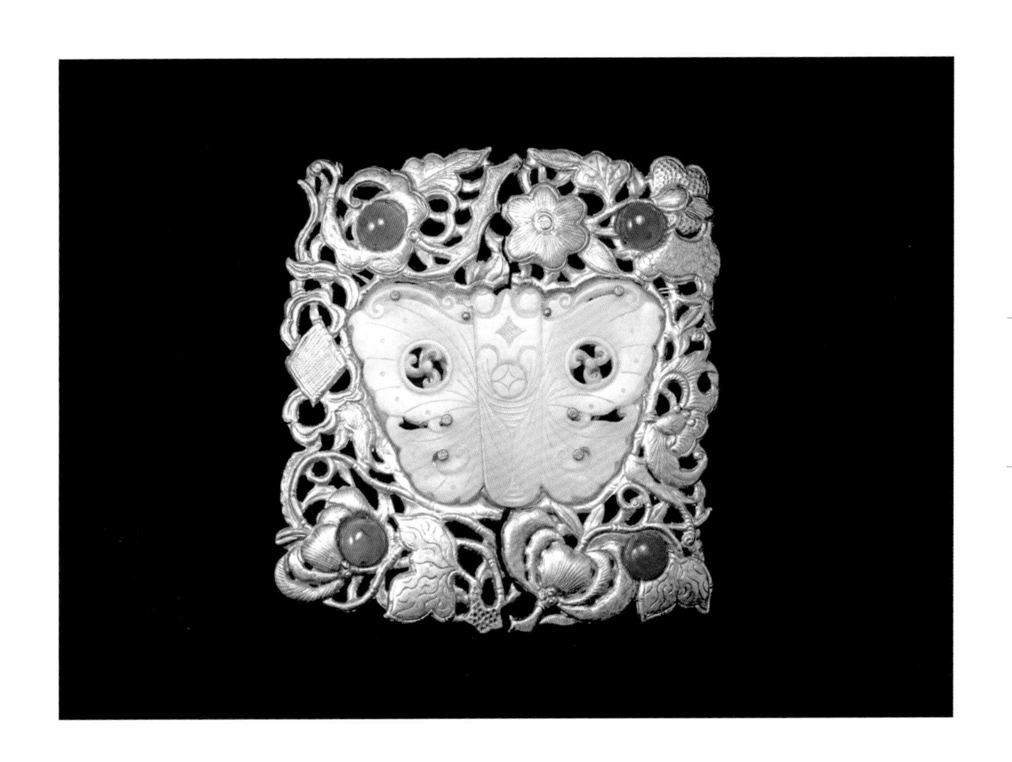

清代和田白玉蝶形搭扣嵌老银片

长125毫米，宽118毫米，厚8毫米，重91克

清代后，搭扣的造型有了更多变化，其中又以蝴蝶与花组合成的蝶恋花造型最为常见。

在功能上，搭扣也由实用器具慢慢转为赏玩用的精美饰品，外形上也比明代的搭扣要大一些。

本件藏品为完整的搭扣形制，玉蝶本身质工兼具，外围则以做工细致典雅的老银片包裹点缀，并镶有 4 颗玛瑙珠，更显其富丽贵气。

由此可知，当时的富贵人家，其穿着品味与奢华风气并不逊于今日，一件小小的搭扣都如此精致讲究。此外，银与玉的结合，除了代表穿用者的身份不同寻常、非富即贵外，也寓意富贵满堂。

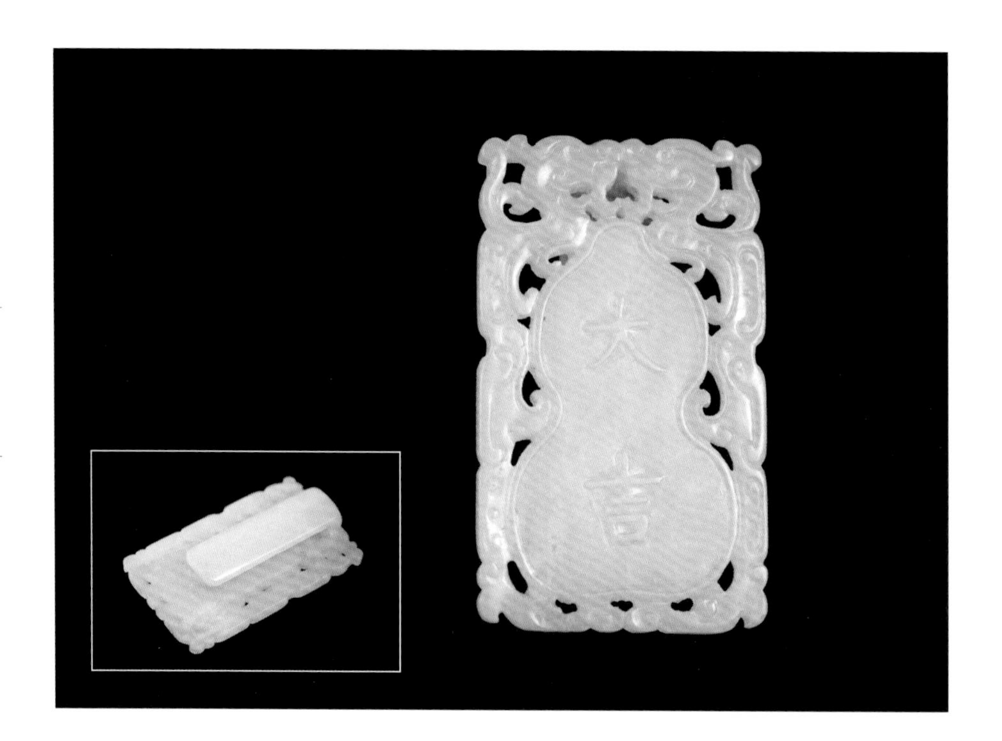

清代和田白玉福禄大吉龙纹带扣

长68毫米，宽49毫米，厚9毫米，重22克

新鲜的葫芦可当蔬菜食用，木质化的葫芦可当容器盛水、盛酒。葫芦与“福禄”谐音，代表富贵与长寿，古人更视其为辟邪祛祟的吉祥物。

我国台湾地区俗谚也有“厝内一粒瓠，家风才会富”之说，而相传在屋梁下悬挂葫芦（俗称为顶梁）可保家宅平安。

道教认为葫芦可聚气，因此用葫芦来装丹药；而葫芦口小肚大可纳财，能带来财运。此外，民俗中法师收妖制煞时也用葫芦。

本件作品纹饰以双龙环绕着葫芦，中央刻有“大吉”二字，雕工细致典雅，寓意吉祥良善，是白玉带扣中的一级精品。

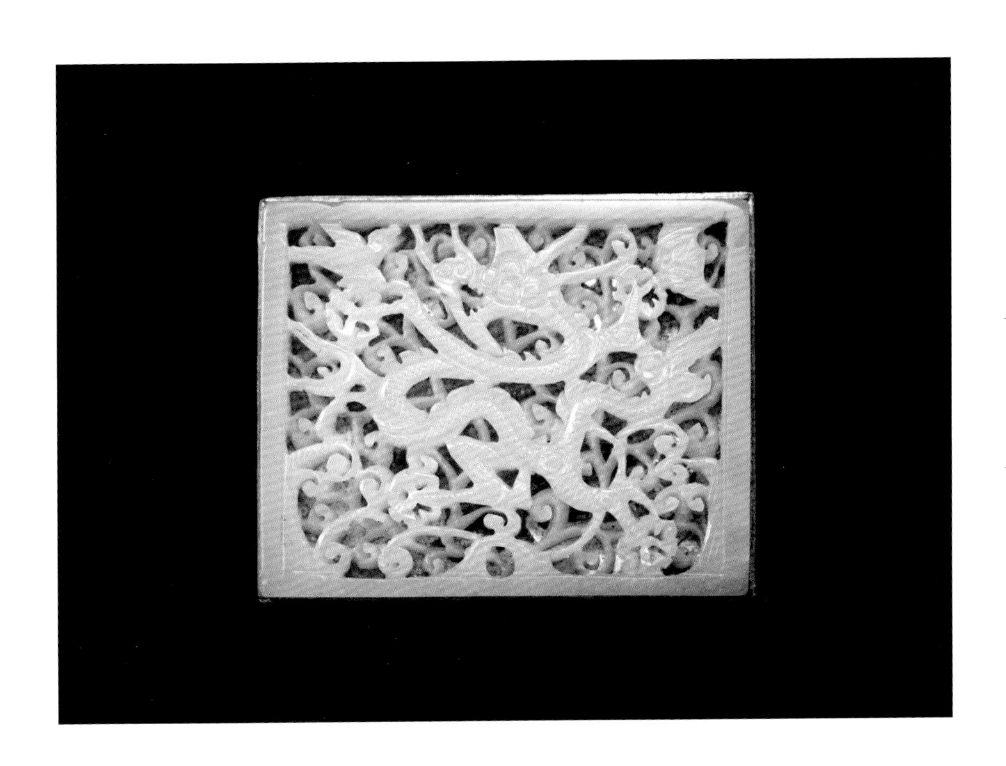

明代和田白玉龙纹带板（清改带钩）

长78毫米，宽58毫米，厚13毫米，重185克

带板，古时称“带跨”，以现代的讲法，就是皮带上装饰用的片状玉雕。中国历史上最早使用玉带的纪录，可上溯至战国时期，当时是由北方的胡人传入，称为“蹀躞”。对游牧民族而言，蹀躞是不可或缺的生活用品，上面装饰的质料和数目多寡，代表使用者的身份、位阶。

还有所谓的“蹀躞七事”，指的是佩刀、刀子、契苾真（用于雕凿的楔子）、火石、针筒、哕厥（用于解绳结的锥子）、磨刀石这7件随身携带的东西。魏晋南北朝时期，开始在中原流行起来，到了唐代则成了文武百官身上的必佩之物。

本件龙纹带板属于明代典型的工艺技法，龙身线条流畅，大巧不工，其后由一块铜制带扣包裹，应是之前清代藏家自行改制而成。整件作品大气恢弘，朴素而厚实，十分讨喜。

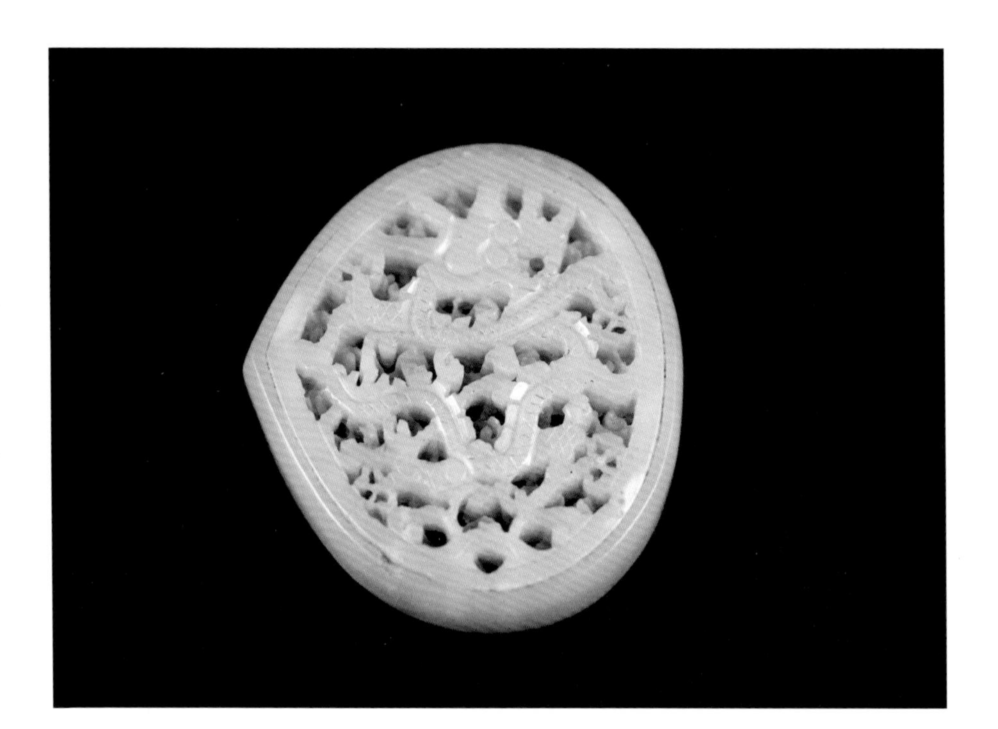

明代龙纹桃形带板（清改带钩）

长62毫米，宽50毫米，厚18毫米，重75克

带跨的材质多样，有金、银、铜、铁、玉等，又以玉最为珍贵。以唐代官服为例，整套玉带依照官员等级不同，上头的带跨数量也不同，据《新唐书》记载，唐太宗曾赏赐破萧铣有功的开国元勋李靖一组和田玉的十三带跨，跨形七方六圆，圆形便是本件作品的形制，为水滴状的桃形带跨。

辽金时期的玉带，带跨数为20块左右，图案大多为春水秋山、天鹅、海东青、猎狗之类，雕工考究，但桃形带板的朝向较乱，有的桃尖朝上，有的桃尖朝下，而一般龙纹带板则是朝左或朝右。

此件明代桃形带板最特殊之处，是后代的玉工师傅在其外围又以一件桃形带钩镶嵌，作为独立使用，虽为改件，但趣味横生。

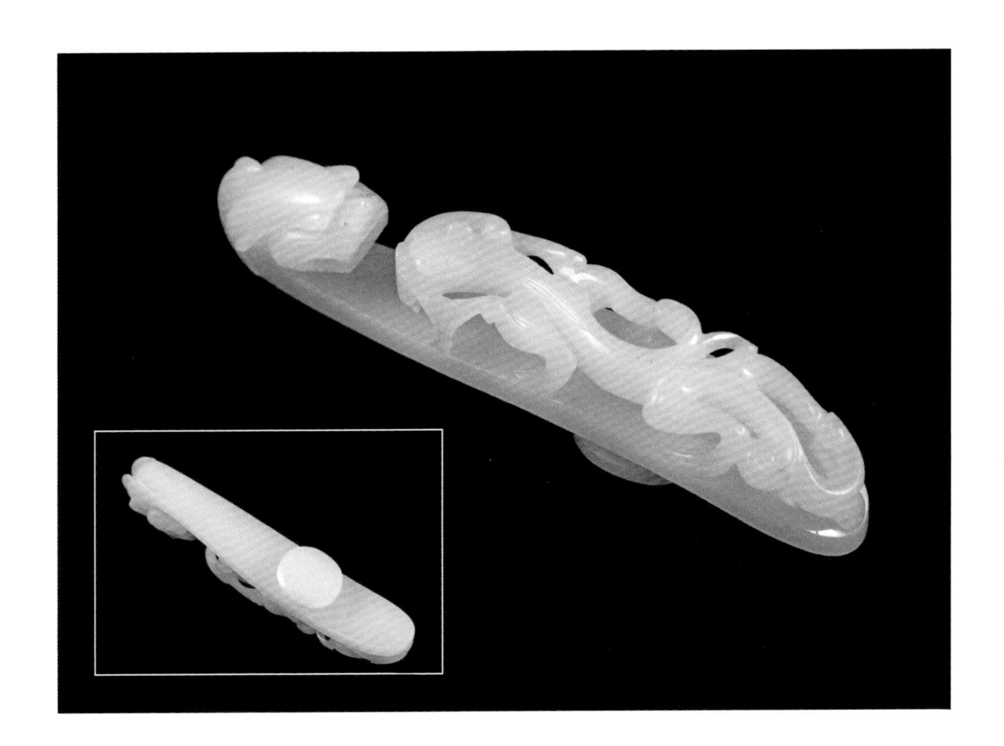

清代和田白玉苍龙教子龙首带钩

长121毫米，宽19毫米，厚30毫米，重87克

带钩的形制最早出现于良渚文化时期（为中国新石器文化之一，距今约5 300年），材质以玉为主，也有青铜、白银、黄金等。由于数量颇丰且形制多样，玉带钩的技术发展可说与中国玉器一脉相承，密不可分。

带钩的用途，是古代贵族和文人、武士所系腰带的挂钩，除装饰外，主要是用来扣接束腰革带，还能用来佩剑、挂印章、束钱币等。依外形而言，分为长条形和琵琶形两种。

本件作品为长条形带钩，长度约12厘米，属大型带钩，钩饰部分有一龙首，腹面则有高浮雕镂空的螭龙纹，背部为素面椭圆盘形，玉质通透白皙，十分讨喜。

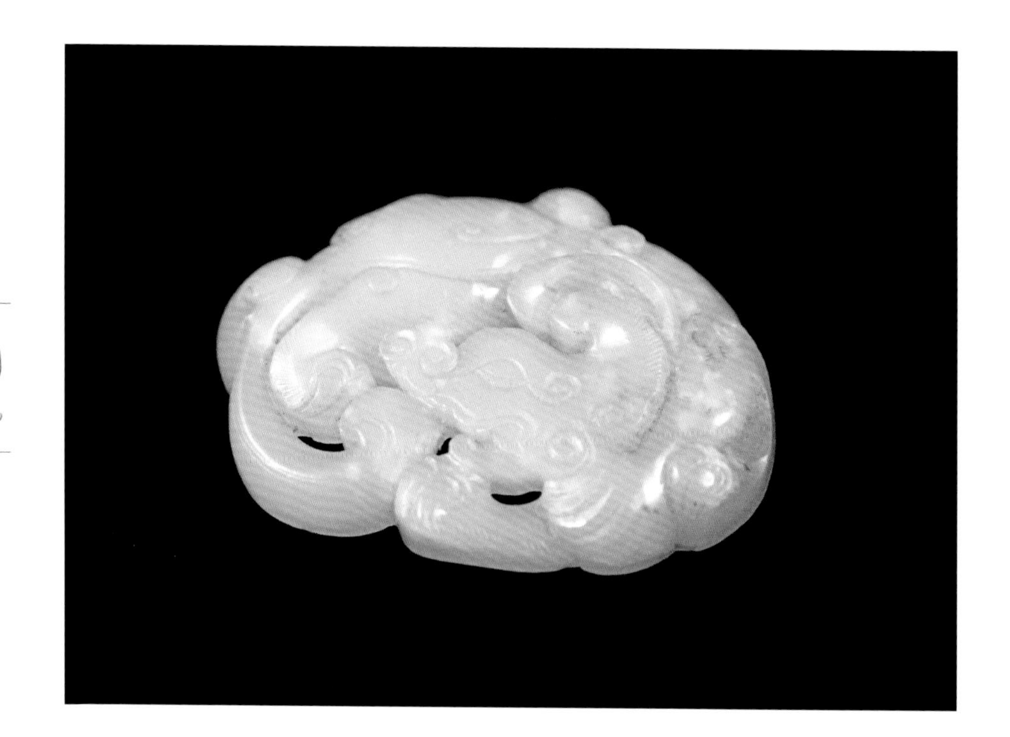

明代和田白玉螭龙带扣

长55毫米，宽45毫米，厚10毫米，重34克

在汉代时，龙形带钩外形抽象简单，到了元明时期，龙首的部分已相当具象。而清代的带钩则更为精致，腹上的纹饰也更趋多样化，有高浮雕、浅浮雕及透雕等各种雕琢技法。

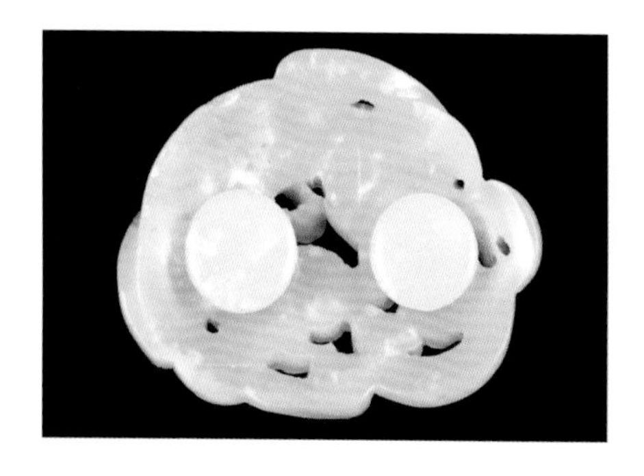

带钩既是艺术品，也是日常用品，代表使用者的身份地位。本件是苍龙教子的典型图腾，意味荣耀与富贵世代相传，生生不息。

此件螭龙带扣体形较一般的带扣略小，主人或许身材较娇小，也可能是给孩童或未成年人佩戴的玉件。虽是如此，但整体构图圆融饱满，雕工仍是力道十足，有着相当明显的明代风格。

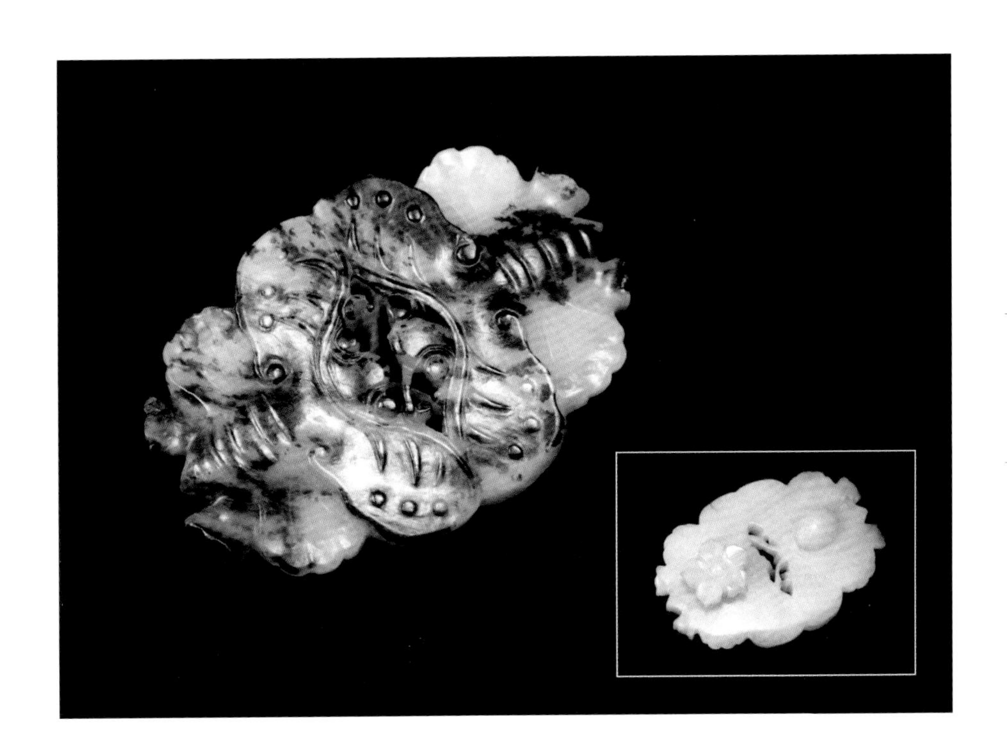

清代和田白玉福迭绵绵带钩

长46毫米，宽28毫米，厚16毫米，重30克

在封建时代的专制社会里，统治者握有绝对的权势和力量。在强大的政治压迫下，老百姓虽然对人生有美好的愿景，却没有力量抗争，只好把希望寄托于另一个世界，一个梦中的世界，一个幻想中的世界，甚至是死后的世界。

他们借助道家或佛家理论，告诉自己死后的世界也许更美好，生活中种种的不满足，都可以在另一个世界寻求补偿。他们借助宗教和幻想来逃避现实的不堪，梁祝的故事便是一例。

梁山伯与祝英台的爱情，因为种种社会现实而失败了，但在精神世界里，他们却拥有了更美好的生命。两人的合墓，实际上就是梁祝的蛹，他们在蛹中孵化为双蝶，成就了精神上永远存在的美好爱情。本件作品玉质白皙出众，以黑皮色巧雕出双蝶图案，造型十分特殊，寓意美好。

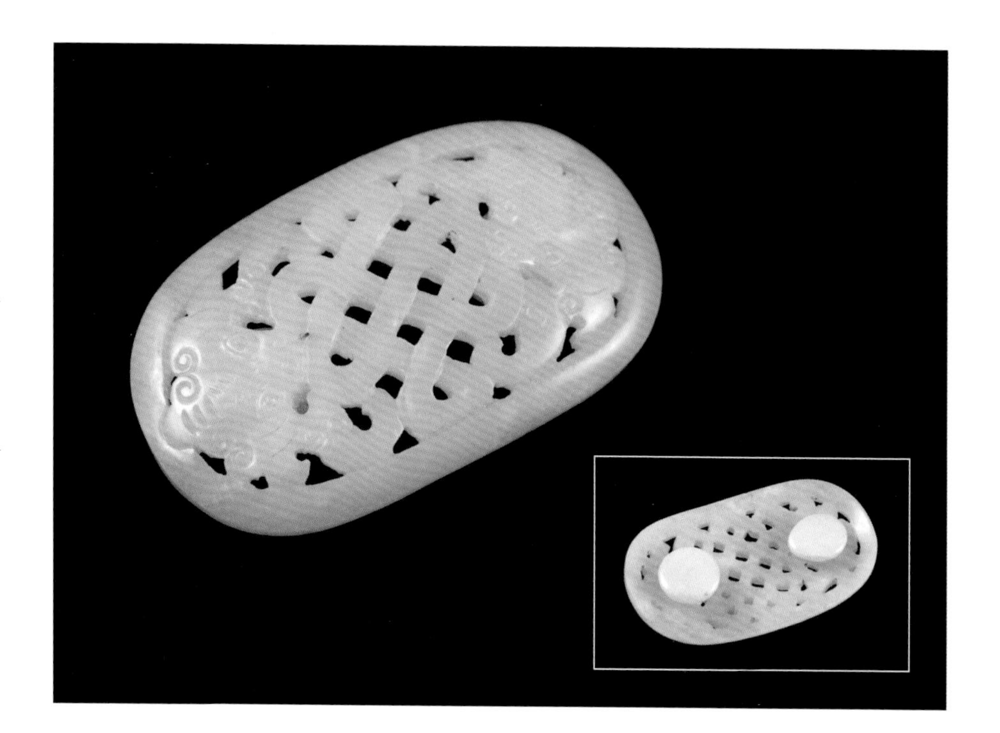

清代和田白玉福气连连带扣

长53毫米，宽46毫米，厚22毫米，重36克

盘长结，又称无尽结或吉祥结，是藏传佛教常见的八吉祥（吉祥结、莲花、双鱼、伞、轮、幢、右旋海螺和宝瓶）之一。这8种物品，在古印度时是太子加冕大典上的贡品，代表各种吉祥象征及身份地位。

八吉祥有时以一组8件出现，有时会单独出现，但也有8件合为一体的表达方式。在合为一体的绘图中，一般只绘莲花、吉祥结、双鱼、伞、幢、轮及右旋海螺7种，而7件合起来的形状则像一只瓶子，用以表现未绘出的宝瓶。

盘长结是一条绳子自我相结，绵延不断，引申为幸福吉祥绵延不断。在传统纹饰中，盘长结经常与蝙蝠结合，取其福气连连的谐音含意，就如同此件带扣。

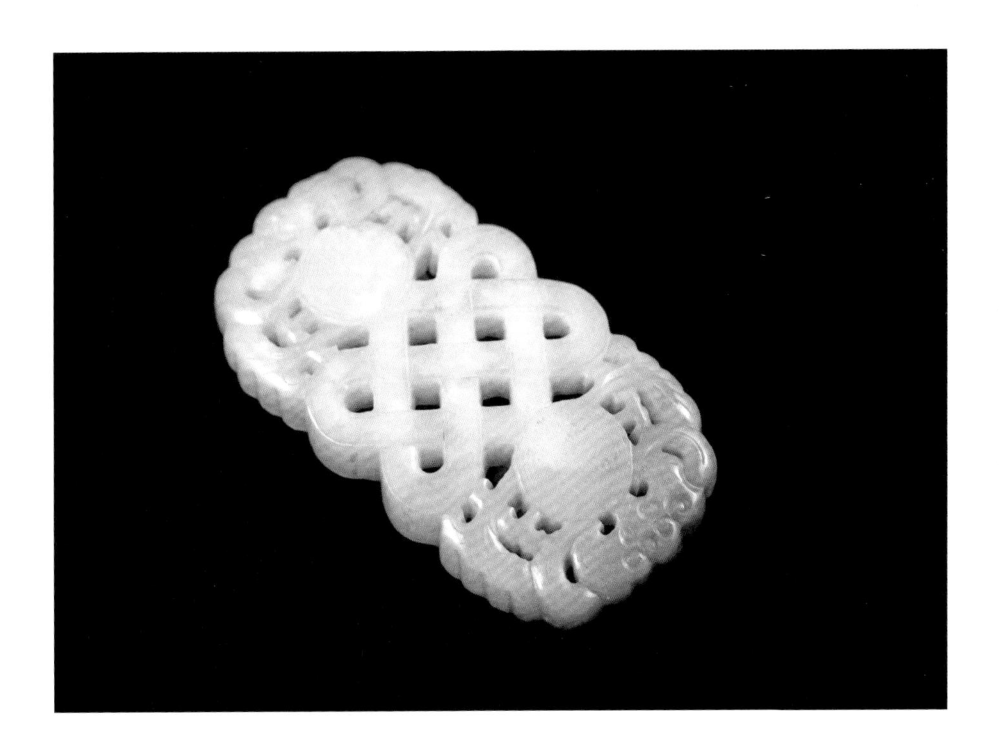

明代和田白玉福寿绵长带扣

长53毫米，宽46毫米，厚22毫米，重46克

源自于古印度文化的盘长结，重复交错，无起端又无终结，代表佛陀的无限慈悲心和智慧，也代表因果不断轮回。

盘长结是佛教法器名册中正吉祥八宝的第八宝，佛家认为它如同吉祥符一样具有法力，象征通顺回明、绵延不断，在藏式门帘上常可见到盘长结的图案，也是传统中国结的基本结之一。

此件福寿绵长带扣，用盘长结的寓意来表达对福寿双全的祈求，比起相同形制的同类带扣更丰厚饱满。玉质有一小部分受沁，整体雕工非常细致，值得再三把玩。

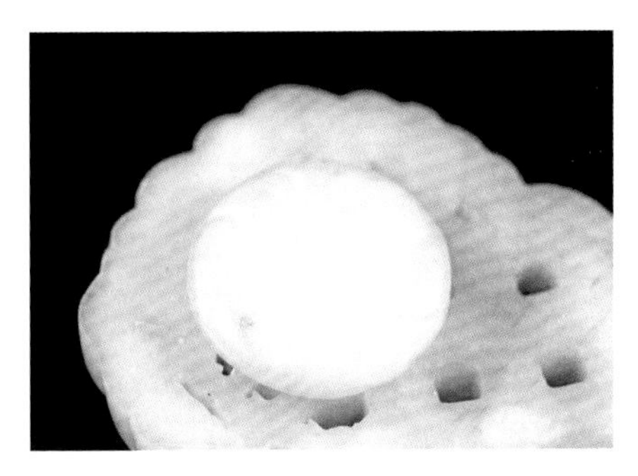

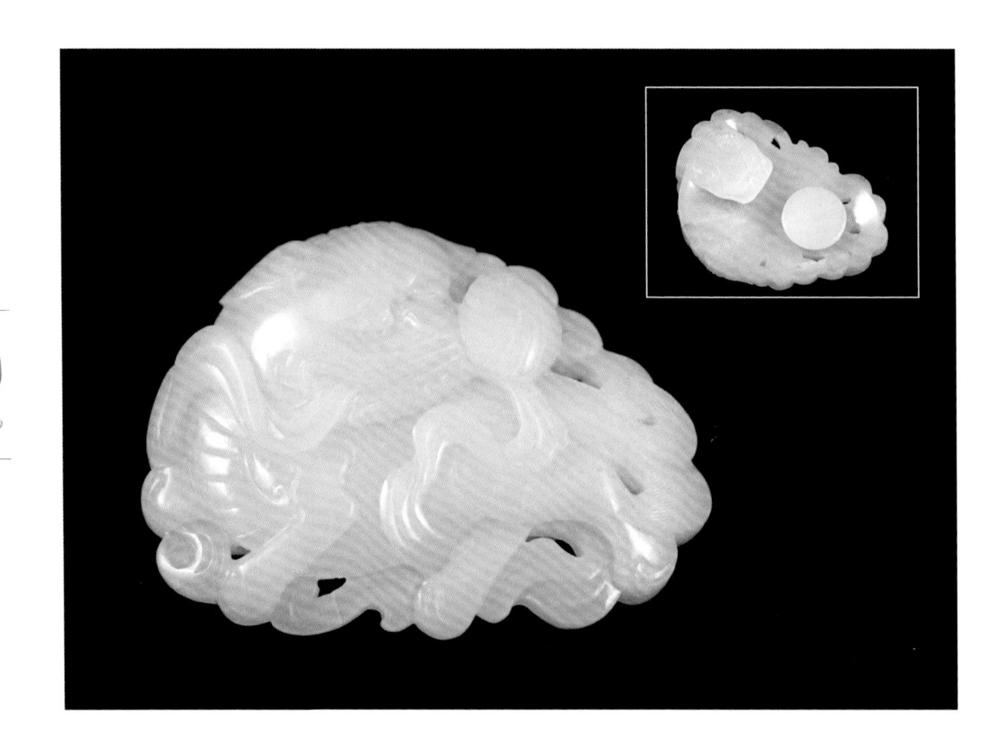

明代和田白玉祥狮戏鞠带扣

长83毫米，宽61毫米，厚15毫米，重103克

在中国传统文化中，狮子的形象常用来作为护院、镇村的石像。它威严的外貌，在古代更被视为法律的守护者。在佛教中，狮子是文殊菩萨所骑的神兽，也常在寺庙门口护持神祇。

狮子被视为守护平安的神兽，其形象在民间应用也很广，有右前足踏鞠（俗称绣球）的雄狮子、左前足踏小狮子的雌狮子，还有雌雄狮子相戏绣球的造型，称为“双狮戏鞠”。

此外，民俗喜庆活动中也常见舞狮表演，寓意祛灾祈福。据《汉书·礼乐志》记载，从汉代开始，民间便流行“狮舞”表演：两人合扮一狮，另一人持绣球逗之，上下翻腾跳跃，活泼有趣，而“双狮戏鞠”的图案便源自于此。

此件作品大气圆融，狮子戏球的形态栩栩如生，抛光精良、做工细致，是开门见山的难得佳作。

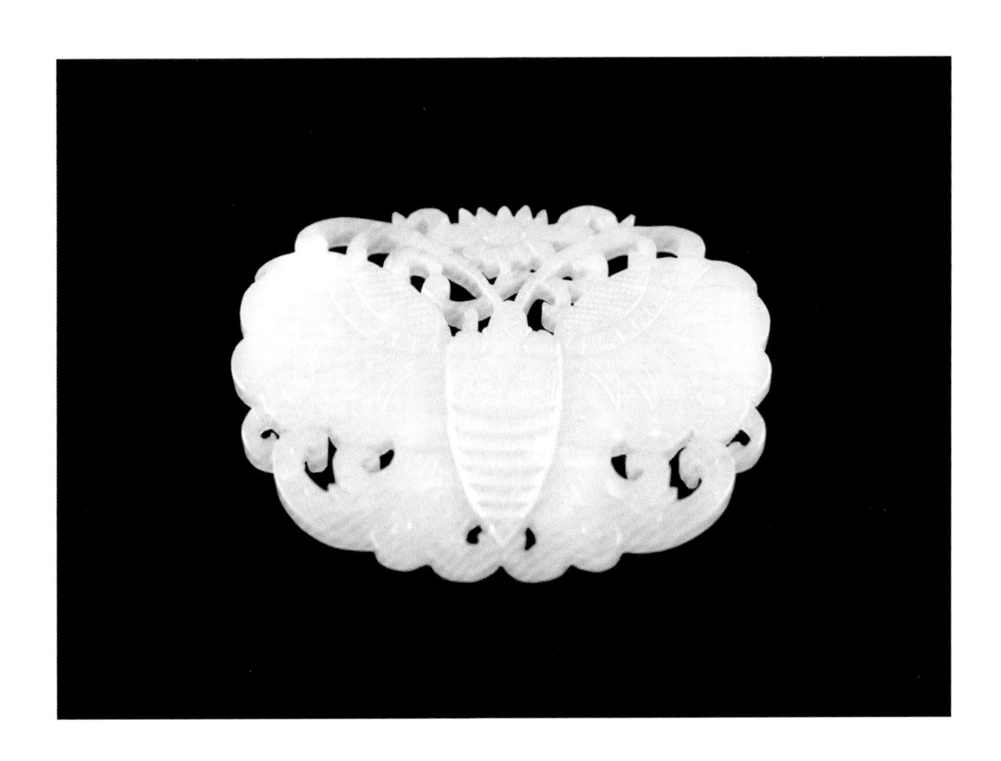

明代和田白玉蝴蝶带扣

长90毫米，宽55毫米，厚8毫米，重66克

蝴蝶一直是中国人喜爱的昆虫图腾，不但被视为美丽和优雅的化身，更有着羽化和重生的精神内涵。而蝴蝶与“福迭”谐音，寓意福气一个接一个，绵绵不绝而来，十分吉祥。

出自《庄子·齐物论》的庄周梦蝶的故事，穷尽了自然的造化和人生的真谛，在庄周逝后的1 800年，法国著名哲学家笛卡尔在《沉思录》中也提出了类似的观点（笛卡尔说当我们做梦时，我们自以为身在一个真实的世界，但其实这只是幻觉）。

庄周梦见自己化成蝴蝶，翩翩而飞，从而质疑究竟是他做梦化成蝴蝶，或是蝴蝶做梦化成庄周？若当时庄周手上握有这只精美的白玉蝴蝶带扣，或许就能分得清到底是梦还是现实了吧。

明代三层镂雕龙纹白玉带板

长80毫米，宽55毫米，厚9毫米，重52克

镶嵌玉带板始见于唐代，但到明代才形成定制。明代早期，带跨数量允许为16～20块，直到明太祖洪武十五年（1382年）才有了制式规定。

明末张自烈所编纂的字典《正字通》，在“銙”字条下说明：“明制，革带前合口处曰三台，左右排三圆桃。排方左右曰鱼尾（铊尾），有辅弼二小方。后七枚，前大小十三枚。”可知明代臣僚使用的标准全套玉带，带跨总数量应为20块，而皇帝的玉带则有24块带跨。

此外，嵌件上的纹饰也会因朝代不同而有不同形制；阶级不同或是官职不同，也各有不同纹饰。本件作品为典型的明代龙纹带板，是完整无缺的三层雕工，工艺的精致程度令人赞叹。

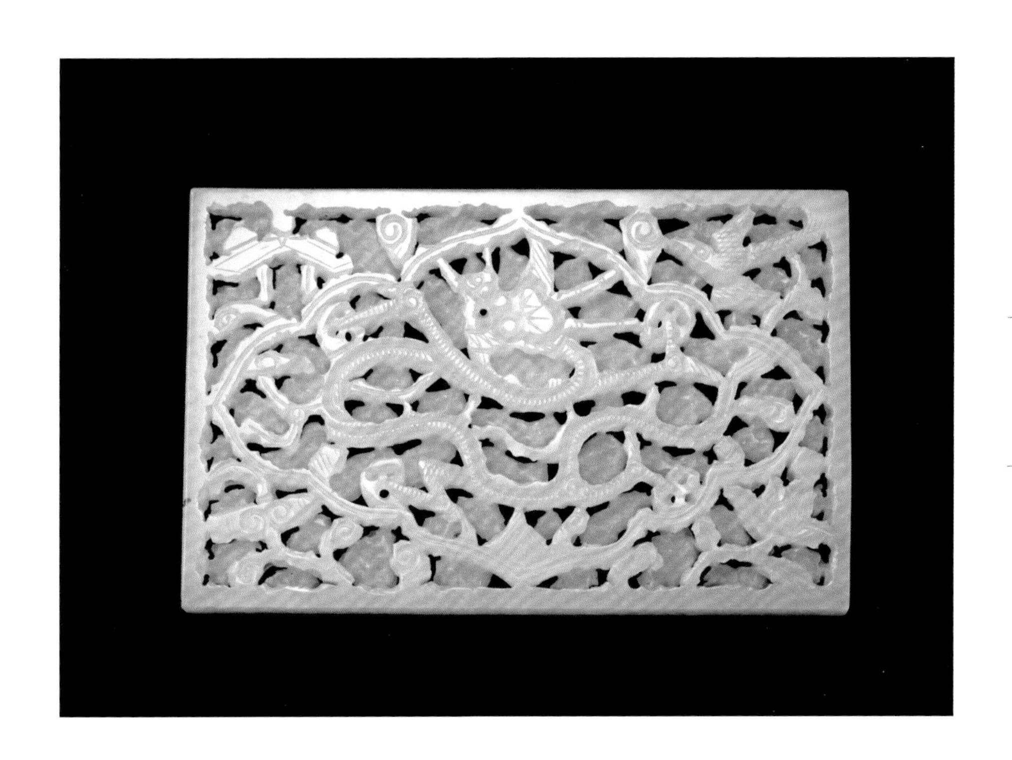

明代和田白玉镂雕龙纹带板

长80毫米，宽55毫米，厚9毫米，重52克

正规的一组带板由 20 件玉饰组成：2 件铊尾、8 件长方形带板、4 件细长条形带板及 6 件桃形带板。带板上的纹饰，有龙纹、螭纹、鹿纹、鹤纹、狮纹等；在这些纹饰周围都会镂雕各式各样的花卉、枝叶或果实。

一般带板以镂雕者为多，常见的镂雕大多分为两层，但精致些的会多达三层，是玉件中工艺最繁复也最费工的品项。一般来说，除非是刚出土的文物，否则很难见到整组的带板。在传世玉件中，带板大多是零散的。

因此，在文玩市场上，通常只会见到单件的铊尾，或单件的长方形、正方形、桃形带板。在古董拍卖会上，成组的带板只要玉质、工艺不错，而且年代准确，一组可能动辄数十万，甚至二三百万。

本件作品玉质白皙，做工带有典型的粗大明风格（特指明代玉器的粗犷风格），玉龙身形流畅而生动，气宇轩昂，更显不凡。

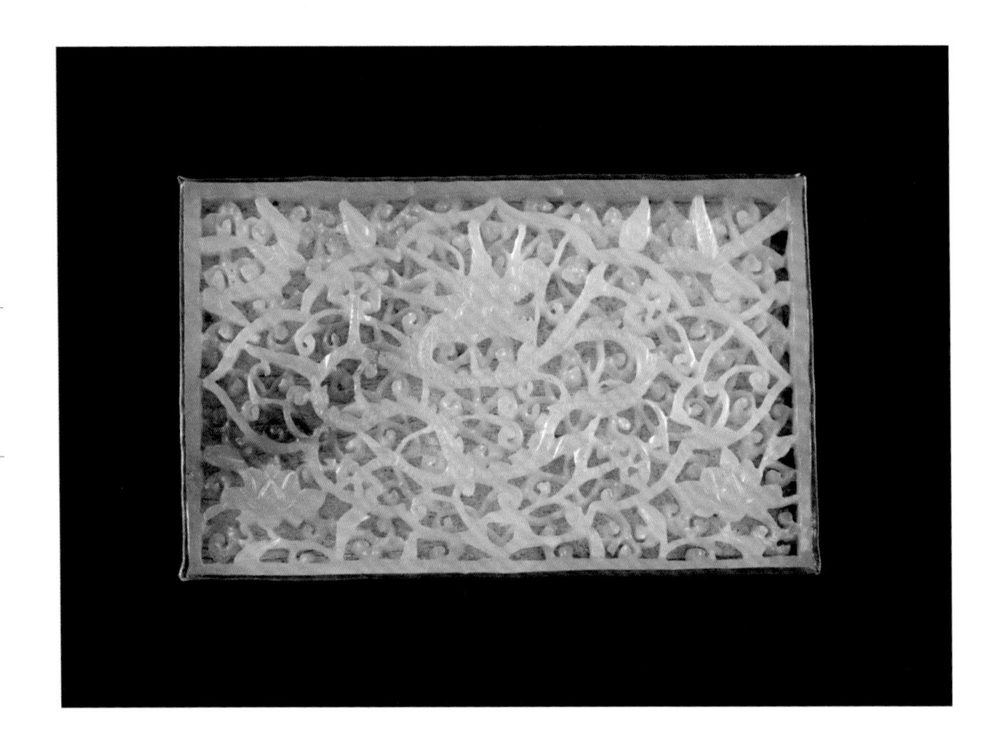

明代和田白玉金属包框龙纹带板

长90毫米，宽55毫米，厚8毫米，重106克

玉带是镶玉片的革带，在服饰上用玉带肇始于唐代。据《唐实录》的记载："高祖始定腰带之制，自天子以至诸侯、王公卿相，三品以上许用玉带。"

玉带的形状可分为方形、拱形、长方形、桃形等，主要由带跨和铊尾两部分组成。铊尾，又称带首或扣柄，是镶钉在玉带两端的圆角矩形带板，而镶钉在带身中间位置的方形、长方形或桃形等形状的带板，则称为带跨。据说乾隆皇帝曾珍藏一组精美的玉带板，一套20件，用紫檀木盒收纳。

此件龙纹带板工艺精致，唯左上角有一裂纹，后世藏家为了便于保存，另请工匠将金属包框镶嵌整件带板。

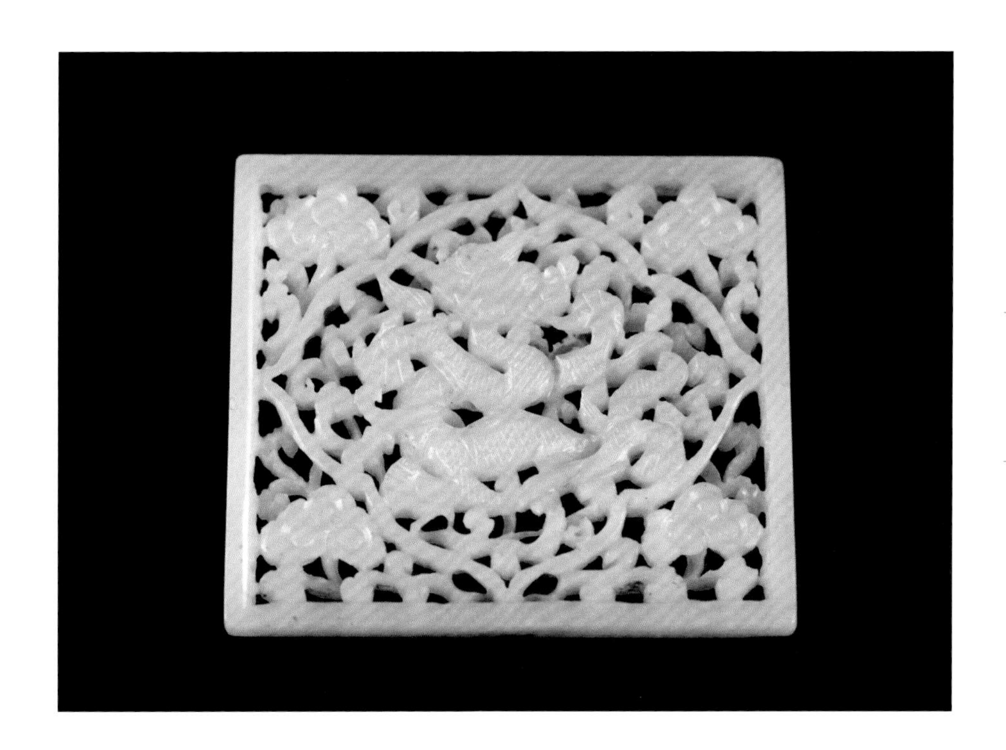

明代双面透雕龙纹白玉带板

长63毫米，宽50毫米，厚9毫米，重46克

这是一件相当罕见的双面雕工白玉龙纹带板，属于常见的双层浅浮雕，纹饰搭配具有富贵祥瑞寓意的灵芝。

无论什么形制或题材，带板都是单面做工，因为背面镶嵌在皮带上无需做任何雕琢或抛光处理。但本件带板的背面却刻了与正面相呼应的龙纹和灵芝纹，并经过一定的抛光处理。

照正面的雕工及形制推断，带板的年代属于明代无误；至于背面部分，应是传至清代时，当时的藏家另请工匠刻画出与正面相同的纹饰，是相当有趣的一件作品。

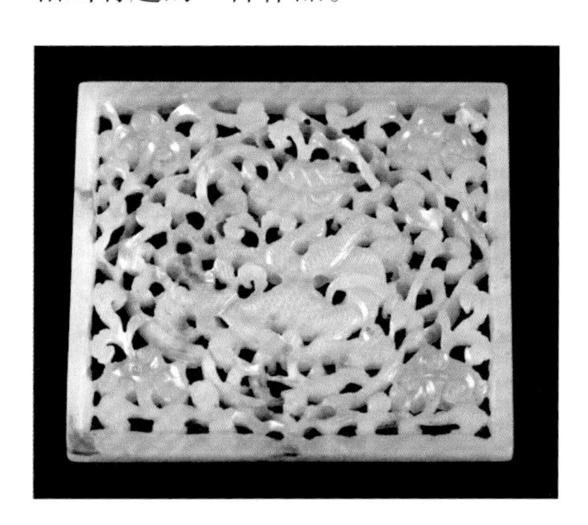

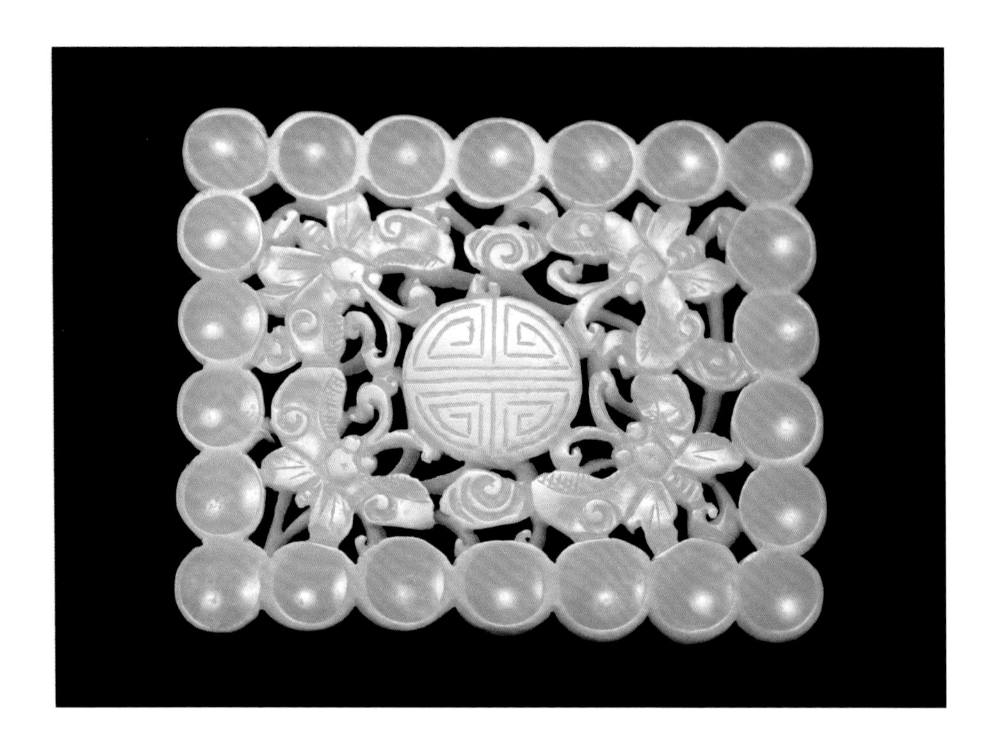

明代和田白玉赐福添寿连珠纹带板

长75毫米，宽59毫米，厚5毫米，重56克

现存的明代玉带板，大多以零散的带跨和铊尾为主。明代早期的玉带板大多是立体的深层镂雕，带有明显的元代风格。到了明代中期，出现了多层次的镂雕法，技巧更为精进，但却失去了宋元时期玉器自然写实、生动逼真的特点。在纹饰方面，明早期以云龙纹为主，中期后开始出现带有吉祥寓意的图案，如松鹤、麒麟等。

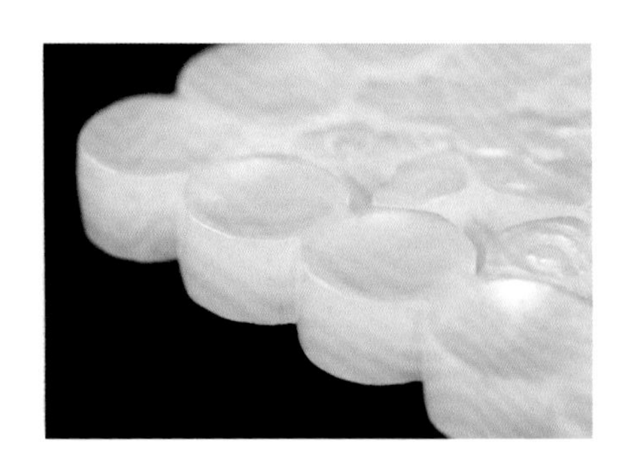

本件连珠纹带板以 4 只蝴蝶和寿字搭配，取谐音“赐福添寿”，寓意美好，质工俱佳。最外面一圈由连串球形组成的连珠纹，沿用历史久远，早在青铜器上就已出现过。

清代和田白玉含蝉

长63毫米，宽58毫米，厚33毫米，重35克

道家思想认为人体中有所谓的三关九窍，三关是指尾闾、夹脊和玉枕三大穴位，九窍是指双眼、鼻孔、耳孔、嘴、生殖器和肛门等九处孔洞。

古人相信，用玉器塞住死者的九窍，可以使尸身不腐、精气长存，进而获得永生。如晋代葛洪的《抱朴子·对俗》所云："金玉在九窍，则死人为之不朽。"

汉代流行厚葬，除了用玉片制作的金缕衣覆盖死者外，还搭配用玉做成的眼盖、鼻塞、耳塞、口琀、罩生殖器的小盒和肛门塞。其中又以口琀最为讲究，最常见的造型便是蝉形，又称为"含蝉"，象征转世再生、循环不息。

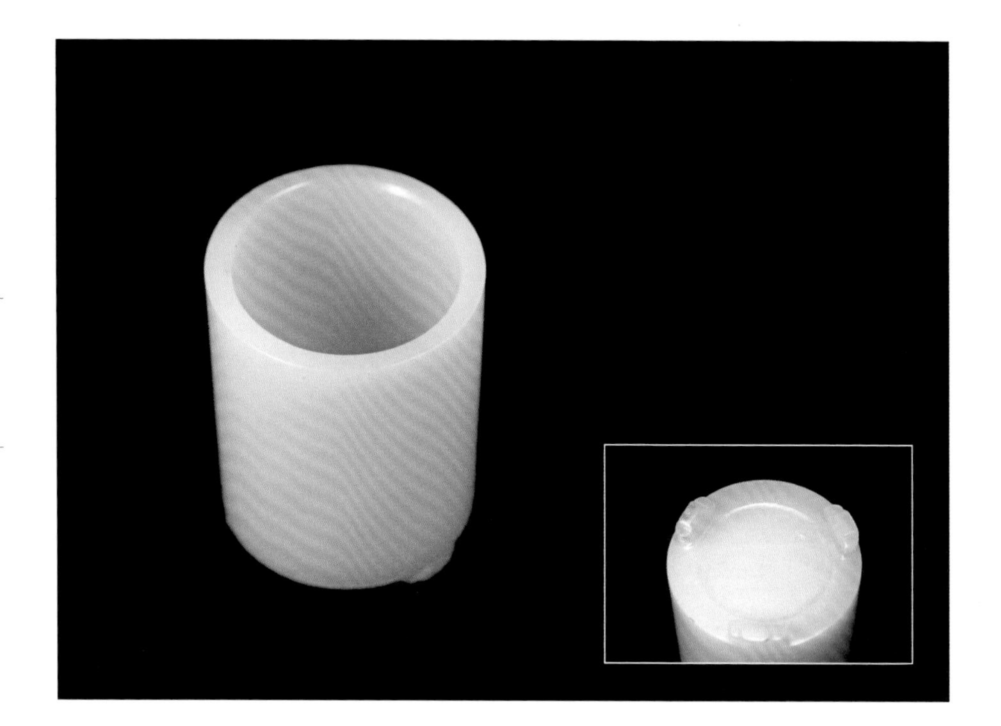

清代和田白玉三足笔筒

高72毫米，直径59毫米，重166克

玉制文房用品的外形雅致、内涵灵秀，文人风格浓厚且意境深远，用料也比一般白玉器物来得讲究，自古以来都是玩玉行家的首选珍藏。

明代文学家屠隆在《文具雅编》中记述了文房四宝之外的40多种文房用品，包括笔筒、笔洗、笔舔、笔搁、水盂、墨床、印泥盒、纸镇、印章、砚匣、裁刀等。其中有些文房用品一直沿用至今，如笔搁、笔筒、笔洗；有的已经相当少见，如贝光（用来磨平纸面的器物，以方便书写。最初用贝壳制作，故名贝光）和韵牌（标有诗韵的牌子，供作诗限韵之用）；有些则已超出文房用具的范围，如剪刀、如意、镜子等。

笔筒制作讲究，艺术价值甚高，被誉为文房中的第五宝。清初诗人朱彝尊曾经为笔筒写下《笔筒铭》："笔之在案，或侧或颇，犹人之无仪，筒以束之，如客得家，闲彼放心，归于无邪。"此件白玉笔筒器形大方利落，表面包浆自然，工艺细致，是标准的京作风格，实为白玉藏家的理想藏品。

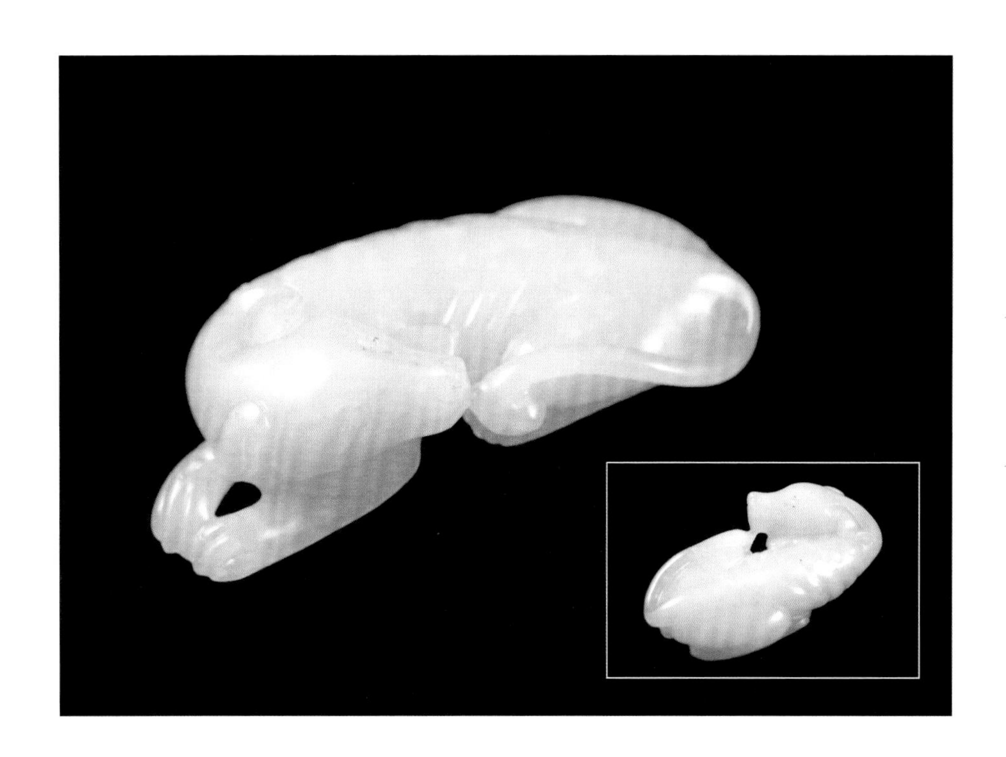

清代和田白玉犬形笔搁

长74毫米，宽33毫米，厚20毫米，重62克

笔、墨、纸、砚，是大家熟知的文房四宝。笔是文人墨客的利器，用以针砭时事，抒发己见，对于他们而言，手中的笔可抵万金，是最受重视的宝物。而文人在以诗文书画抒怀、办理案牍公文时，遇到文思不畅、索尽枯肠而需辍笔沉思时，为避免手中的笔滚落到地上，会在书案上准备可供暂时搁笔的器物，这就是古人所称的“笔格”，即现代人熟知的笔搁。

南朝的文人皇帝梁简文帝曾撰《咏笔格诗》:“英华表玉笈，佳丽称蛛网。无如兹制奇，雕饰杂众象。仰出写含花，横抽学仙掌。幸因提拾用，遂厕璇台赏。”可知笔搁不但有实用价值，上面更雕饰着各种图案花纹，尤其是玉制笔搁更是制作精美，可赏可玩。

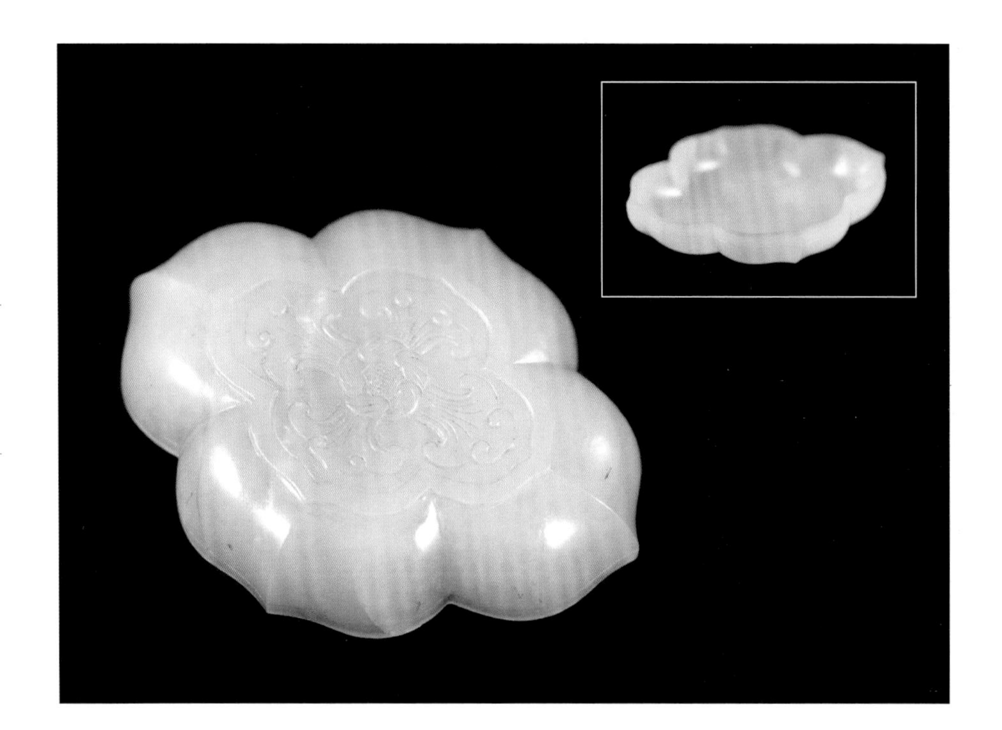

清代和田白玉花形笔洗

长55毫米，宽46毫米，厚11毫米，重32克

古代文人对文房器具十分讲究，一般在书房里至少会备有两个笔洗，其一为实用，其二则为赏玩和装饰用。

笔洗，就其字义解释，指的是盛水洗笔的器具，最大用途是书写或绘画时，能让笔尖保持湿润，使墨水本身的胶性晕开，并可随时调整蘸墨的浓淡深浅。

笔洗的材质种类繁多，除珍贵的玉料外，贝壳、陶瓷、玛瑙、象牙、犀角等都是常见的材料。笔洗的外形风格随着时代背景和环境的改变，呈现出各种特色，蕴含了深厚的文化内涵，自古以来便深得藏家的喜爱。

此件白玉笔洗胎体厚薄适中，器形如莲瓣般高雅细致，底部的纹饰为浅浮雕，图腾的雕工精巧，令人爱不释手。

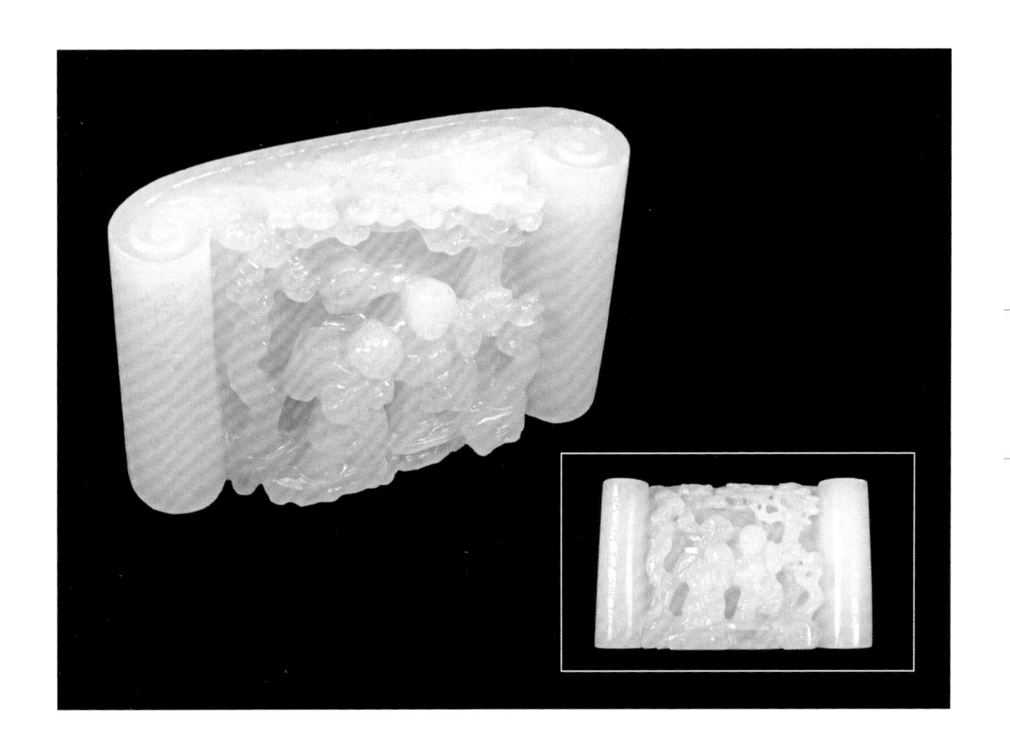

明代和田白玉和合二仙镇纸

长63毫米，宽58毫米，厚6毫米，重54克

“和合二仙”的传说源自唐代，是掌管和平与喜乐的神仙，一位叫寒山，一位叫拾得，两人都是当时著名的隐士，交情甚笃。

寒山年纪比拾得稍大，两人相交相知，却同时爱上一位女子而彼此不知。不久寒山得悉，黯然出家为僧；没想到拾得获悉，竟也丢下女子，前往寒山出家的佛寺探访。去见寒山途中，拾得折了一枝盛开的荷花当见面礼；寒山看到拾得前来，十分开心，捧着饭盒迎接，后拾得也出家为僧。

后来人们因寒山、拾得两人在一起时总是欢天喜地、和睦相处，便以欢喜之神来供奉他们。

在明清时期的玉器中，寒山手持宝盒，而拾得则肩扛荷叶或手持荷花，两人都以孩童模样出现。本件作品是难得的白玉类文房极品，和合二仙的表情生动活泼，背后雕刻的心经字体更是娟秀有力，玉质丰润油亮，白度一流，属上乘之作。

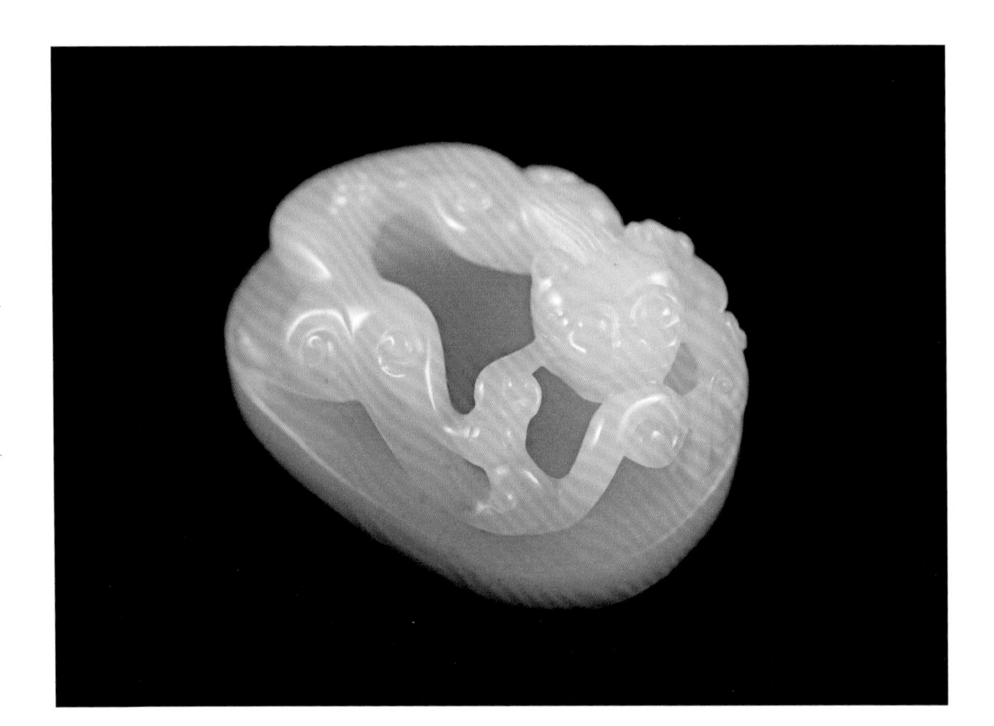

清代衔芝螭龙玉印

长45毫米，宽32毫米，厚20毫米，重42克

对中国人而言，印章不仅可用来鉴别身份，更是彰显个人特质的独特象征，因此古人用印十分讲究，材质不胜枚举，如金银铜铁、竹木牙角、玉石陶瓷等，都是很常见的材料。

印章的名称，随着朝代不同而演变，在秦以前通称为玺，至汉代开始称为印、章或印章；唐代以后，随着用途不同，又有宝、记、朱记、关防（长形官印）、图书、花押等名称。

沿用至今，印章的用途大致可分为官印、姓名印、字号印、斋馆印、鉴藏印、闲章、肖形印等。此白玉印是标准的斋馆印，印文刻有“鉴古堂”三字，印钮则为衔芝螭龙，玉质细腻，手感极佳。

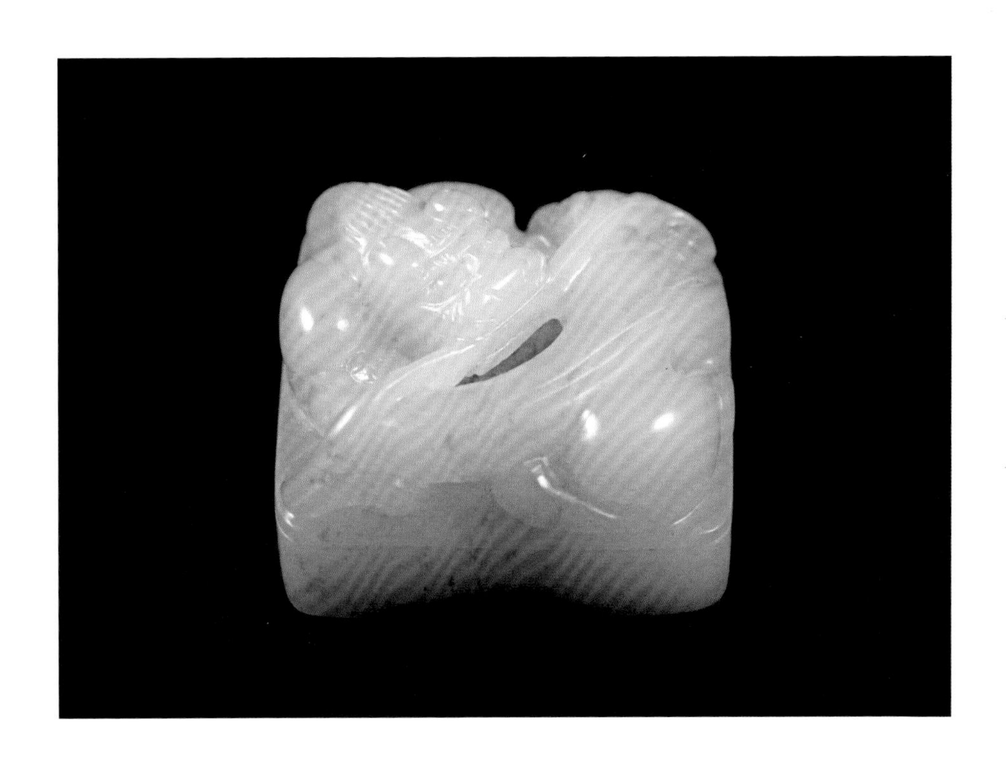

清代和田白玉衔芝夔龙印

长42毫米，宽40毫米，厚22毫米，重33克

《山海经·大荒东经》记载，东海中有流坡山，山上有兽状如牛，“苍身无角，一足，其光如日月，其声如雷，其名曰夔”。夔龙的图腾最早出现于商代前期，用于商周时期青铜器的装饰，是主要纹饰之一，形象多为张口、卷尾的长条形，以直线为主、弧线为辅，具有古拙的美感。其后纹饰逐渐演变为螭龙衔芝，寓意吉祥如意。

本件印钮上的螭龙勇猛沉稳，口衔灵芝，螭身扭转、攀爬矫健有力，布局平衡而饱满，构图对称大方，刀工简单柔和、洗练古朴，把玩时手感极佳。

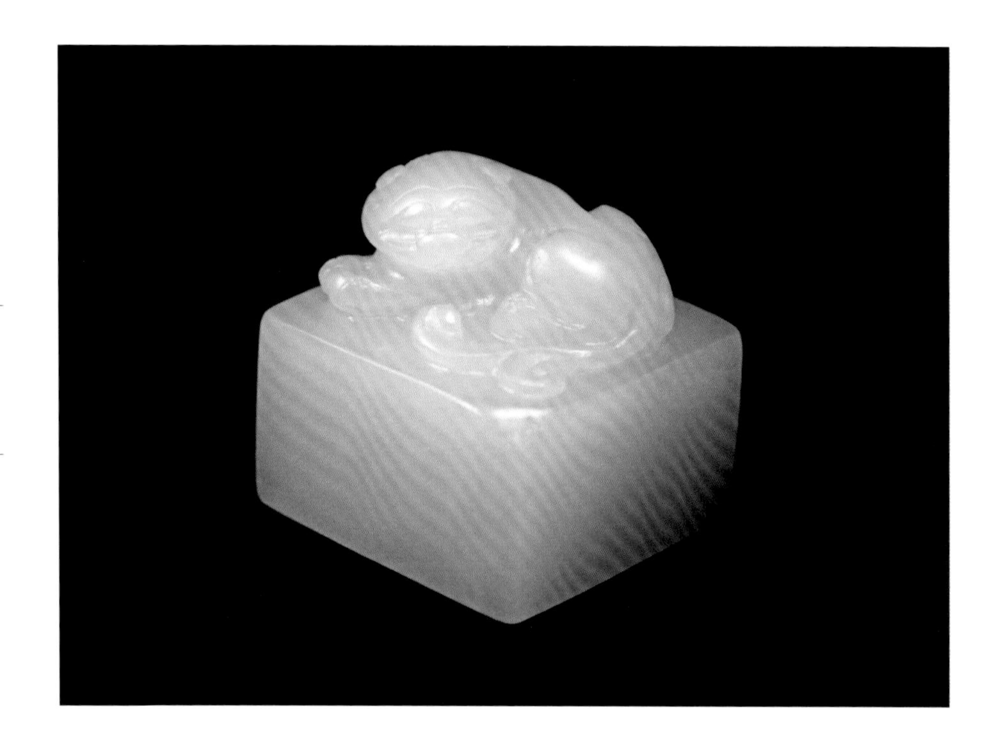

明代和田白玉双尾貛印钮

长42毫米，宽40毫米，高38毫米，重22克

貛是哺乳动物中的鼬科动物，身形饱满、昂首屈尾、肥耳短面、阔嘴扁鼻，给人稳重、敦厚、踏实之感。由于“貛”与“欢”同音，常用来祝福家庭和乐欢喜；而常见的双貛依偎造型，更有男女“和欢”之意。

民间还有“天上喜鹊地下貛”的说法，把貛和喜鹊组合在一起就成了“欢天喜地”。

本件印钮貛身的造型把握精准，比例十分协调，其嘴、眼、耳、鼻、腿、尾巴，皆为精雕细琢之作，勾、勒、碾、琢都相当讲究，玉料更属上乘，为白玉印钮中的佼佼者。

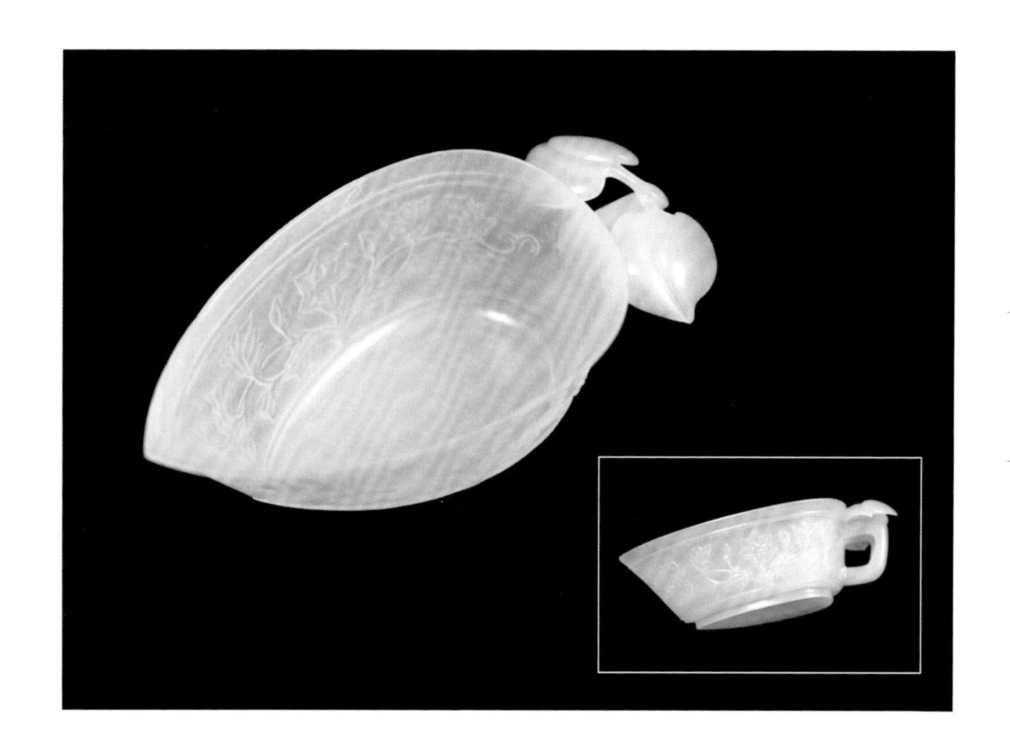

清代痕都斯坦式缠枝薄胎玉杯

长96毫米，宽50毫米，高30毫米，重25克

据考证，清宫旧藏的痕都斯坦玉器有两种，一种为当年莫卧儿帝国贸易输入；另一种由宫内造办处工匠自制，称“番作”或“西番作”。后者由于工艺精巧，耗时耗料，到乾隆晚期便停止制作，因此传世作品并不多。

清廷平定新疆的回、准二部后，得到的贡纳中，就有许多当年由西方输入的痕都斯坦玉器。从乾隆三十三年到嘉庆二十二年（1768 ~ 1817 年），入贡了约 800 件带有伊斯兰风格的痕都斯坦玉器。此外，为讨乾隆皇帝欢心，当时的驻外大臣也常向当地回人购买这种玉器进献。

遗憾的是，在乾隆归政之前，乾清宫被一场大火烧得精光，许多典藏的痕都斯坦玉器也难以幸免。后来乾隆皇帝又从各殿中搜集了一批精品，存放于重建后的乾清宫暖阁内。而圆明园原藏的痕都斯坦玉器，则在英法联军入侵后惨遭掠夺，从此辗转流落于欧美各地。

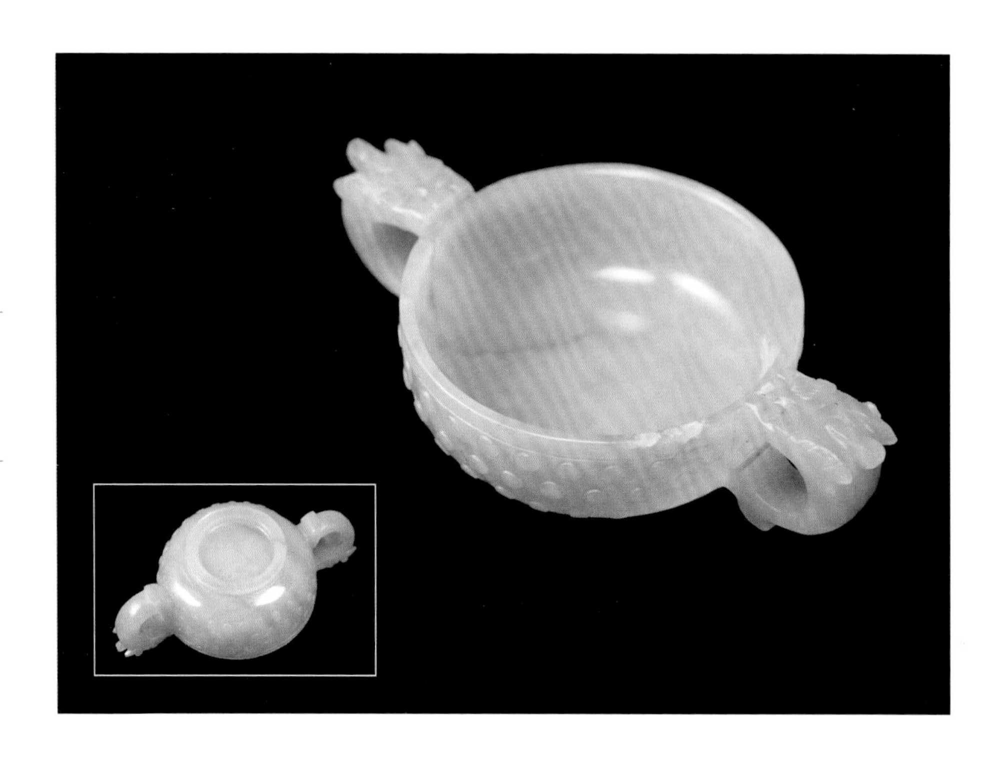

明代青白玉乳丁纹双龙耳杯

长115毫米，宽67毫米，高30毫米，重94克

玉杯是一种饮酒器，《史记·宋微子世家》记载："纣始为象箸，箕子叹曰：'彼为象箸，必为玉杯。'"成语"象箸玉杯"遂用来形容生活奢侈，如同帝王之家。

清初的经典名剧《一捧雪》中记载，明代嘉靖年间，莫怀古家中藏有祖传玉杯"一捧雪"（酒注入杯中，有如雪花飘飞之妙），于杯中斟酒，夏日无冰自凉，冬日无火自温，因此也称为"温凉盏"。正因此杯珍贵稀有，引来奸臣觊觎，莫家被迫流亡至新野县，并改姓为李。据说莫怀古便是河南一带"莫李"姓氏的鼻祖。

玉杯的样式繁多，杯耳部分常雕琢龙或螭等动物纹饰，也有梅、竹、桃、荷花等植物纹饰，形态各异，代表不同的时代风格。明代饮酒风气盛行，因而出现了大量的玉制杯壶。本件双龙耳玉杯造型大气，做工精良，杯身部分雕有仿商周时期的乳丁纹，颇有古意。

清代和田白玉瓜瓞绵绵鼻烟壶

长72毫米，宽32毫米，厚23毫米，重87克

鼻烟起源于美洲大陆，是印第安人的特殊习俗，后由哥伦布带回欧洲，盛行于17世纪。而中国人抽鼻烟的历史则可以推至明朝隆庆年间（1567 ~ 1572年），由意大利传教士利玛窦进贡给皇帝，当时被称为“士那乎”，一直到雍正年间，才正名为“鼻烟”。

由于是从宫中开始流行，鼻烟的价格十分昂贵，因此工匠才会创作出许多不同材质工艺的鼻烟壶以珍藏鼻烟，也成为达官贵族们用来夸豪显富的奢侈用品，所以鼻烟壶的艺术成就，可以说集中国所有工艺之大成。

此件鼻烟壶本身的玉质清透白皙，雕工精巧灵秀，线条优美，掏膛匀净，手感温润柔滑，实属白玉鼻烟壶中的精品。

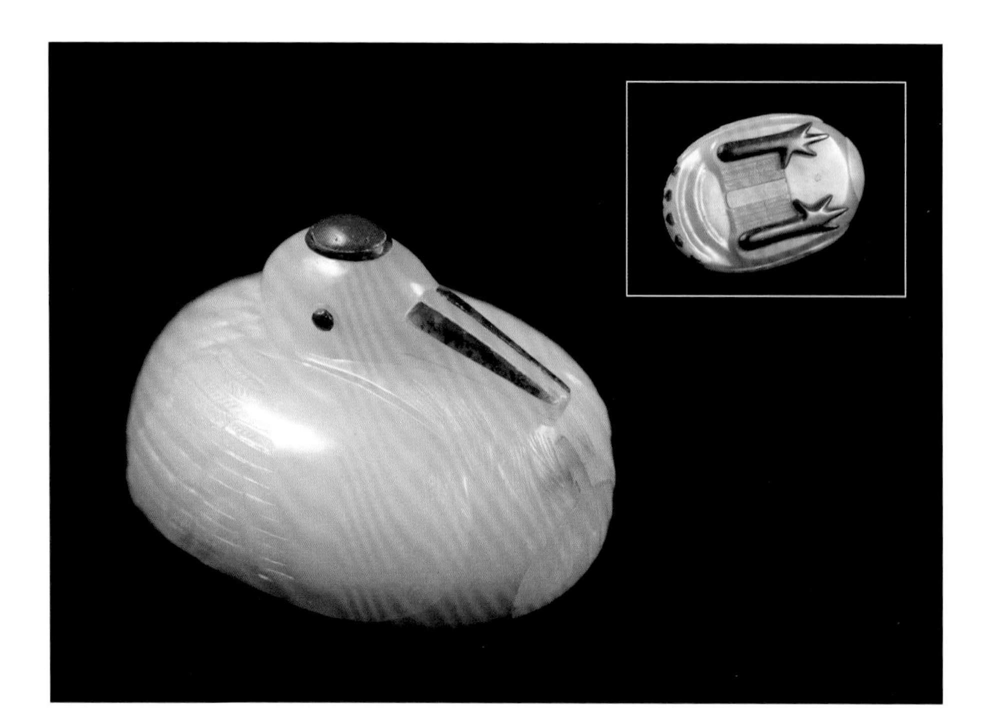

清代和田白玉丹顶鹤鼻烟壶

长60毫米，宽39毫米，高42毫米，重100克

鼻烟壶的材质与精湛技艺，于雍正、乾隆时期达到了历史高峰，除竹木牙角和玉器外，金属、玻璃料器、陶瓷、水晶、石材、兽骨和贝壳等各种材质，都可作为鼻烟壶的材料。

在工艺上，鼻烟壶的制作，更包含了雕刻、书画、镶嵌、焊接、内绘、锻造、点翠、珐琅、掏膛等各种技术，甚至是传统的刺绣工艺，也被运用于鼻烟壶袋的制作上。从小小的一个鼻烟壶上，便可感知中国五千多年的工艺历史和文化底蕴。

本件丹顶鹤鼻烟壶，以白玉掏膛制成，并以翠玉、玛瑙、珊瑚等材质镶嵌其上。

由于鼻烟壶的开关设计复杂纤细，推测应属宫廷巧匠之作，实为白玉鼻烟壶中的绝顶佳作。

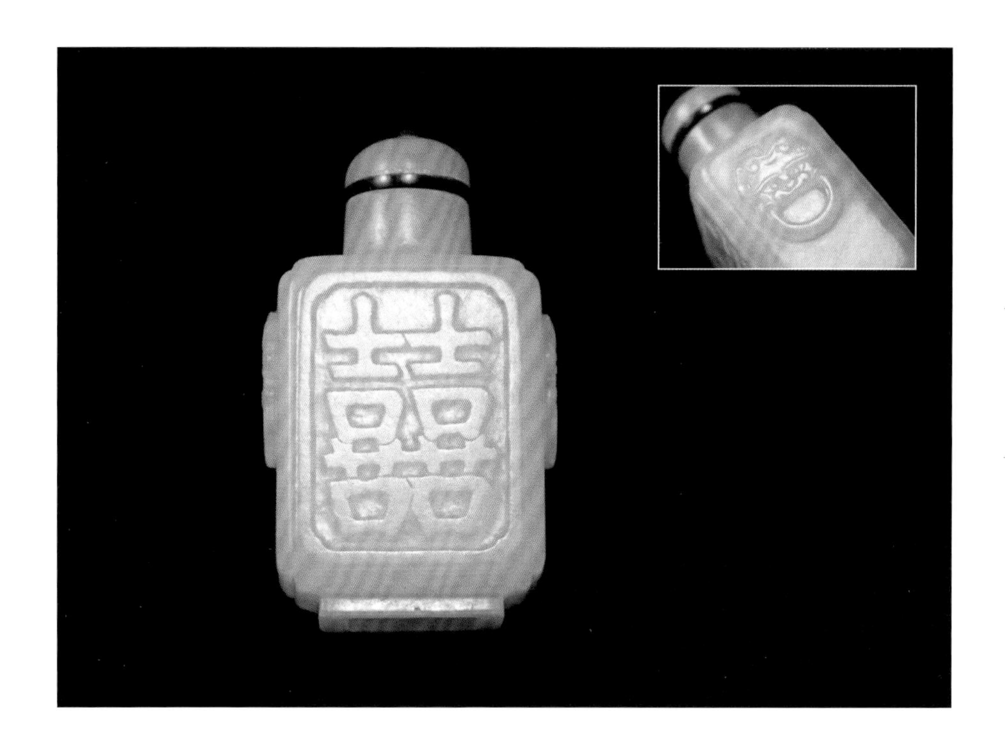

清代和田白玉虎纹铺首耳“囍”字鼻烟壶

长40毫米，宽26毫米，高68毫米，重101克

铺首是古代镶嵌在门扉上的兽纹门环，《说文解字》载：“铺首，附着门上用以衔环者。”根据目前的考古研究发现，早在青铜器时代，便已出现铺首衔环的铜器形制。

铺首的造型精美多变，最为讲究的，则以明清时期皇宫大门上所用的铺首为代表。帝王宫殿大门上的铺首，一般都为铜制鎏金，形象则以虎、狮、螭、龟、蛇为主，也有朱雀、双凤、羊首、椒图（龙生九子之一，形状像螺蚌）等造型。古人相信，以这类神兽、星宿守门，能预防灾祸临门。在朱漆的宫门上，造型精良的铺首和金色的门钉相互映衬，显现出皇室建筑的帝王气派。

本件鼻烟壶的造型如一个方瓶，以虎纹铺首衔环为耳，两面雕有“囍”字，壶身方正浑厚，雕工粗中有细，抛光精良，玉质凝脂油亮，颇为大气。

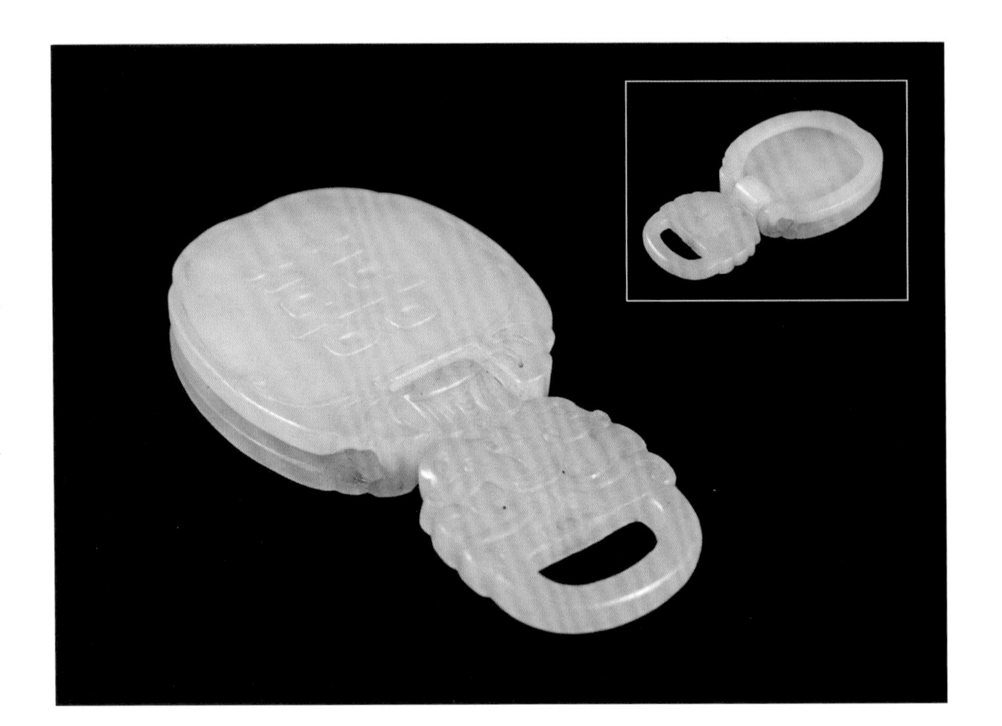

清代和田白玉“囍”字龙纹提携

长84毫米，宽46毫米，厚9毫米，重42克

提携，又称带穿，是实用玉器之一，与我们现在的钥匙扣基本是相同的功能。

中国人与玉器结缘甚早，从公元前4 000 ~ 3 000年的红山文化开始，就有玉器作为日常生活用品使用的记载；上至玉璜、玉琮、玉璧、玉圭等祭祀礼器，下到带穿、带板、带钩、带扣等生活用品，数千年来，玉器早已和中国人的生活文化紧密融合在一起了。

提携的使用方式，是将皮带穿过其中后，下方的挂钩部分可用来悬吊佩剑或随身物品。例如，唐代诗人李贺的《雁门太守行》一诗：“半卷红旗临易水，霜重鼓寒声不起。报君黄金台上意，提携玉龙为君死。”提携下方挂的就是宝剑（唐人称剑为“玉龙”）。

本件玉提携正面刻有“囍”字，下端挂钩部分雕饰为两个仿古龙纹，玉质光润油亮。

清代和田白玉梅枝纹提携（一对）

长58毫米，宽35毫米，厚9毫米，重21克（单件）

据考证，现存最早的提携是唐代雕制的，当时的工艺较为粗糙，着重实用性。直到两宋时期，提携的雕制才逐渐融合艺术，达到较繁盛的境界。

至明代，提携的制作已能充分表现中国传统的审美观念，这时期的作品就具有较高的收藏价值。入清后，受到外来文化影响，提携的制作工艺加入了西方元素，创造出不同以往的特殊作品。

提携一般都是成双成对，但流传至今，已很难找到成对的完整藏品。此对梅枝白玉提携的玉质白皙无瑕，器形较小，应为仕女用品，雕工细致秀丽，甚是灵巧可爱，实为难得一见的成对提携杰作。

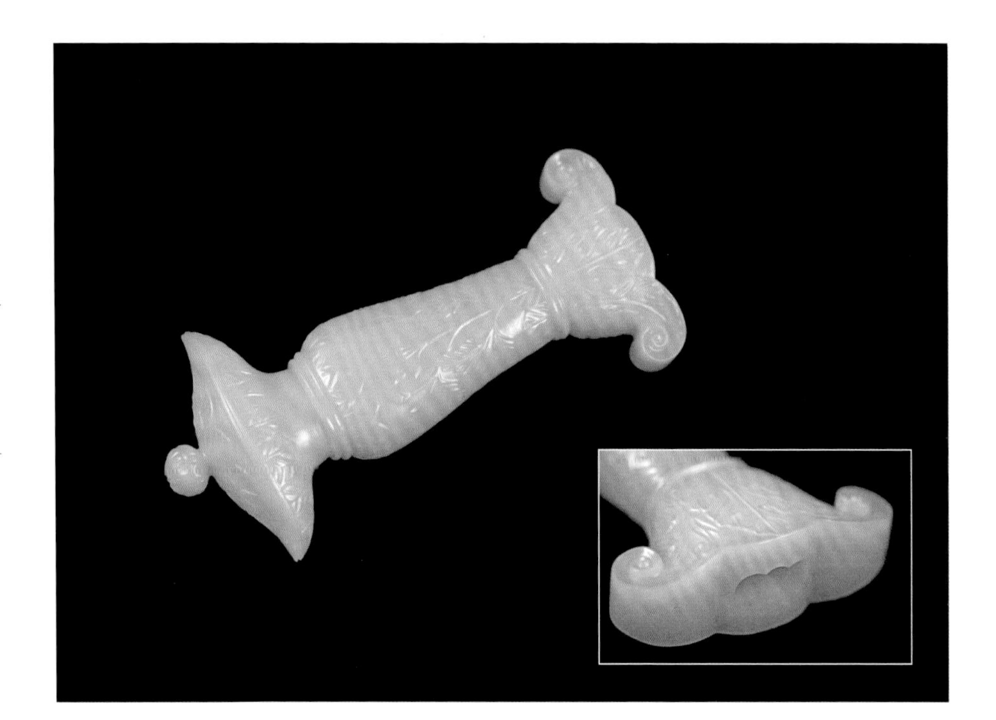

清代痕都斯坦剑柄形玉器

长140毫米，宽65毫米，厚28毫米，重88克

痕都斯坦玉器多为薄胎，采用水磨技术，薄如蝉翼、透如玻璃，从内壁还可以看到外壁浮雕的花纹，纹饰则多为植物花叶痕。

其中常见的莨苕纹源自欧洲建筑，羊头源自文艺复兴时期的意大利，而瓜形器则取自中国，莲花座为印度风格，可谓集欧亚文化之大成，与中国传统的玉器文化大相径庭，十分有趣。

事实上，痕都斯坦玉器的材料源自中国，一般都是采用新疆的和田白玉和青玉，或是玉质油润的闪玉，玉质中大多有雪花形玉斑。

痕都斯坦玉匠喜用纯色的玉材雕琢，一器一色，透明晶莹，这与中国传统玉器的留皮或巧色巧雕的风格形成了鲜明对比。

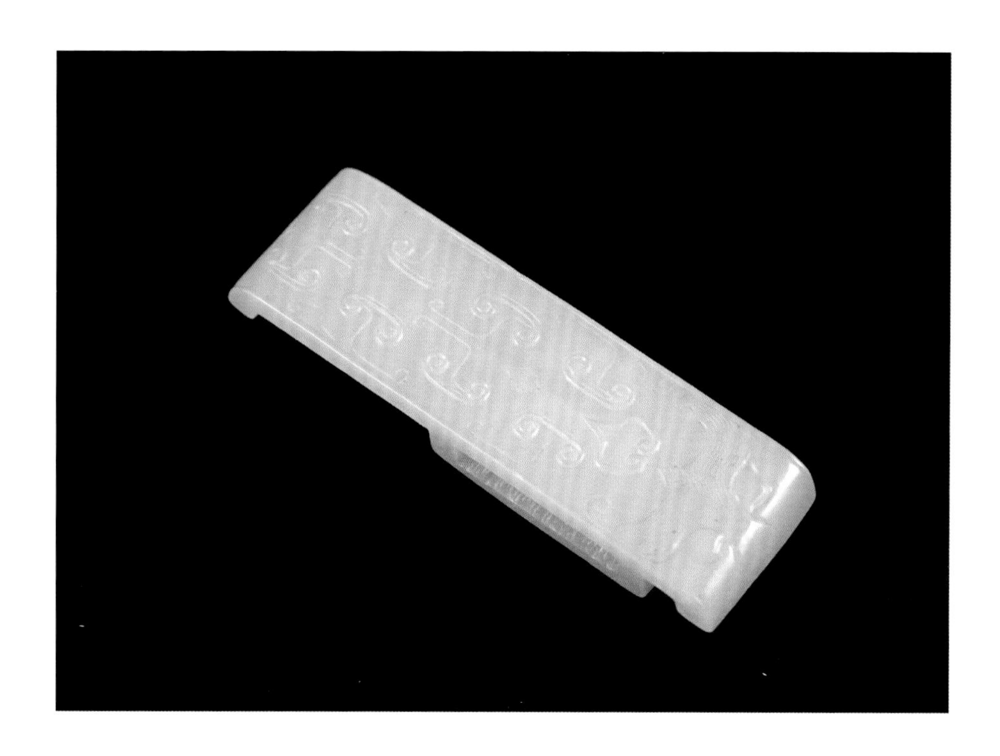

清代和田白玉勾云兽首纹剑璏

长85毫米，宽26毫米，高13毫米，重34克

剑璏（音岁）又称剑卫，也有人称为剑彘（音志），是剑鞘上的剑饰，最早见于春秋时期，流行于战国、两汉之间，即《诗经·小雅·大东》提到的“鞙鞙佩璲，不以其长”。

一般的剑并没有剑璏等玉饰，有玉饰的剑统称为“玉具剑”。玉具剑并不是征战用的兵器，而是代表身份地位的饰物，也是相互馈赠的珍贵礼品。

汉代崇尚武力，王侯贵族或富贵人家的成年男子会在腰间悬挂佩剑。汉代玉具剑上的4种玉饰，分别为剑首、剑琫、剑珌和剑璏。剑柄头部的圆饼形玉饰，称为剑首；剑琫也叫剑格，位于剑柄靠近剑鞘的一端；剑珌装饰在剑鞘末端；而剑璏就如《说文解字》中所说，是“剑鼻玉饰”。

此玉剑璏雕有仿战汉时期的勾云兽首纹，玉质精良，通透白皙，依工具痕迹判断应为晚清之作，非实用器，属文人雅士的把玩对象。

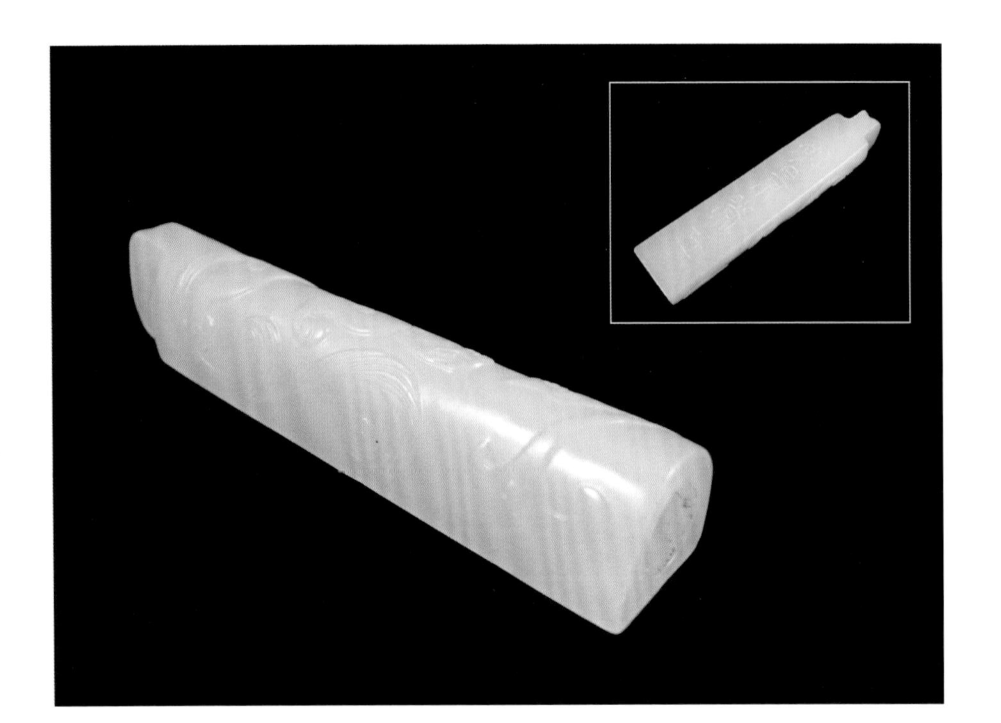

清代和田白玉好景常在翎管

长52毫米，宽2毫米，厚2毫米，重46克

清代官员的阶级品位，可从头顶上的花翎来辨识，作用如同汉代天子近臣冠上的珥貂。

翎管，是花翎的前端部分，按大清律例，翠玉翎管是文官位阶至一品的镇国公、辅国公专用；而白玉翎管，则是武官位阶至一品的镇国将军、辅国将军专用，五品以上的官员皆冠戴孔雀花翎，至于六品以下的，只能戴褐羽蓝翎，俗称野鸡翎子。

康熙年间，福建水师提督施琅收复台湾有功，康熙欲赐封施琅为靖海侯，施琅却上疏辞侯，只恳求御赐一花翎。由此可见，赏赐花翎的荣耀远超过加爵封侯。

此件白玉翎管质地细腻，白皙通透，前雕双螭，其后刻有“好景常在”四字，有祈求官运亨通、福泽子孙之意。

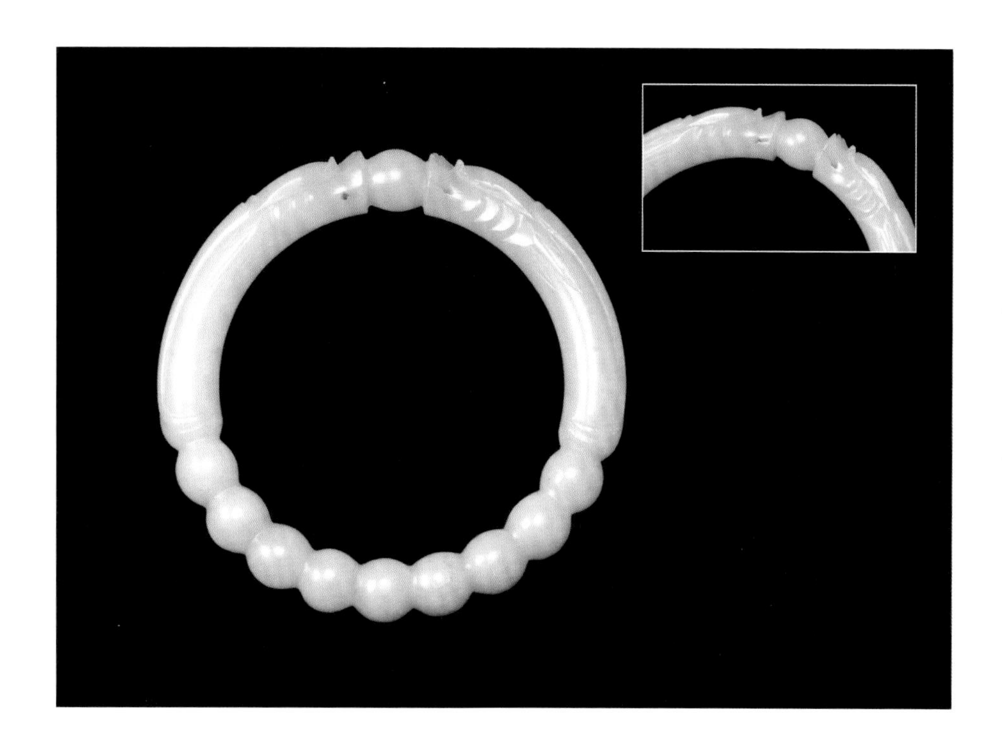

清代和田白玉双龙戏珠玉镯

内径56毫米，外径76毫米，厚10毫米，重43克

相传天池山中有一座深潭，潭中住着两条青龙，它们除了在此沉潜修炼，也很照顾附近百姓，常常呼风唤雨，使农畜兴旺，让百姓能衣食无缺。

某天，一群仙女在天池中沐浴更衣，忽有一头浑身长毛的千年熊精现身调戏，两条青龙听到仙女呼救，化身为天将持械披甲前来救援，将熊精打得落荒而逃。众仙女将此事上奏王母娘娘，她从怀中取出一颗金珠相赠，欲助它们能早日得道。二龙感情深厚，一颗金珠就在二龙之间互相推让。玉皇大帝知情后深受感动，便派太白金星赐予另一颗金珠。二龙各自吞服金珠后，终于得道，位列仙班。

从汉代开始，双龙戏珠便成了一种吉祥喜庆的装饰图纹，多用于建筑、彩画、刺绣、雕刻等工艺精品上。双龙戏珠的玉镯形制相当普遍，本件作品特殊之处在于尾端的九珠连星，整体色泽白中带青，玉质滋润油亮，令人爱不释手。

后记
收藏心得

父母年轻时就已是忠实的艺术爱好者，看展、逛艺廊或是到古董店寻宝，成了我幼年记忆最深刻的假日活动。打从有记忆以来，在面积不大的客厅里，墙壁上挂的是烟岚翠绿的中式水墨，或艳丽写实的西方油彩；窄小的书房内，书桌上成堆的手写稿件，上头压着的是父亲随手把玩的玉器，桌面上除了一盏小台灯外，还有几个大小不一的竹牙笔筒。在薪水微薄的年代，有着这些文玩的陪伴，父亲在书桌上创作出一篇篇报章专栏和一本本脍炙人口的儿童读物，这些额外的收入，也是父亲在收藏上的主要资金来源。

红翡翠玉展秀气，冰清玉洁吐清香
作品名称：春风得意
材质：明代和田白玉花片、白K金、白钻、红翡、翠玉

长大后才知道，客厅的墙上，那幅幼时眼里蓝蓝绿绿的水墨作品，是张大千的山水泼墨；父亲桌上的把玩玉器，原来都是工料俱佳的明清和田白玉雕件。而父亲多年来以稿费换得的古玩文物，渐渐地占满了整个房间，原本的书房成了父亲专属的古物收藏室。

从错误中学习，到藏品布展

父亲的玉器收藏，起心动念是为了编写教材，真正接触玉器是在 1985 年左右。父亲所学的专业是昆虫，他收到的第一块玉器就是一件表面略带血色的含蝉佩玉。据他所说，当时听店老板解释，那块玉蝉表面之所以带有些许红色，是陪葬时玉件受血沁入之故。后来，收藏的时间久了，参研相关的玉石书籍，才知那件玉蝉其实是当代仿品，上头所谓的血丝是用化学手法处理染色而成。

或许是一种不甘被骗的心态，此后，父亲开始认真研究玉器真伪，只要看到有昆虫题材的玉器，品相不错又价格合理，便会出手购买。但玉器收藏学问甚深，毕竟不是父亲原本所学的专业，如果不多研读相关书籍、多看展览、与藏友多做交流，培养好眼力，很容易会碰到赝品。好在父亲收藏之初不与人争购当时正红的良渚、红山文化玉器，仅锁定一些当初仍不起眼的明清玉雕昆虫花片，慢慢学习辨识形制和刀工，逐渐悟出一些道理。后又陆续收到一些老藏家为应急所出的明清发簪、带板及精雕细琢的玉牌、圆雕等。

在父亲的藏品中，花片数量颇多，而花片工艺的精致和难度，是所有玉器形制中最高的。因为明清时期可使用的器材有限，玉工必须花很久的时间，运用简陋的琢玉工具穿孔、琢磨、抛光，再把花、鱼、鸟、虫、兽和人物的图案在玉石上细细雕琢出来，只要稍一失手，便成为残件而前功尽弃。更重要的是，当时这些明清小玉件，量多而价廉，面对这些料好质精的明清老件杰作，怎不令人心动?

2009年，父亲收藏的玉器首次在我国台湾的历史博物馆，以“光气琳琅”为名展出时，有位藏友曾问父亲为何专收这些文人玉器？怎么能收得到这么多品相好的明清白玉把玩件？“没办法呀，我的资本没你们这么丰厚，可以收藏那些大型的器皿摆件，只好专捡这些在当时并不起眼的小玉件。”父亲接着笑道：“而且这些小玉件携带方便，可以随手把玩，单价也不高，一件一件慢慢买，二十几年下来，积少便成多了。”1988 ~ 1998年是收藏这些明清白玉件的“黄金十年”，由于当时中国经济才刚起步，多数人还没闲钱买玉器和古董文物，所以有不少家传的明清和田白玉流入古玩市场。由于来源充足，价格相对合理，不少中产阶级的藏家买得不亦乐乎！

属于工薪阶层的父亲，开源之道便是拼命写稿、投稿和翻译文章，一拿到稿费，就去淘这些古董。那时，一片老的蝴蝶玉件，不过台币两三百元，大件作品也不过两三千元，而当时报纸上的专栏稿酬，每篇有一千多元。为了收藏，父亲的最高记录，曾每周在各报章杂志同时有8个专栏，而这些外快收入，全部都奉献给了古

如意海中有游牛，青云路上飞翔龙

作品名称：平步青云

材质：清乾隆和田白玉兽面纹牌、白K金、白钻、红玛瑙、黑玛瑙

脚踏实地，平步青云
行善积德，福禄寿喜
作品名称：福禄寿喜
材质：清代和田白玉圆雕、黄K金、白钻、红宝石、祖母绿

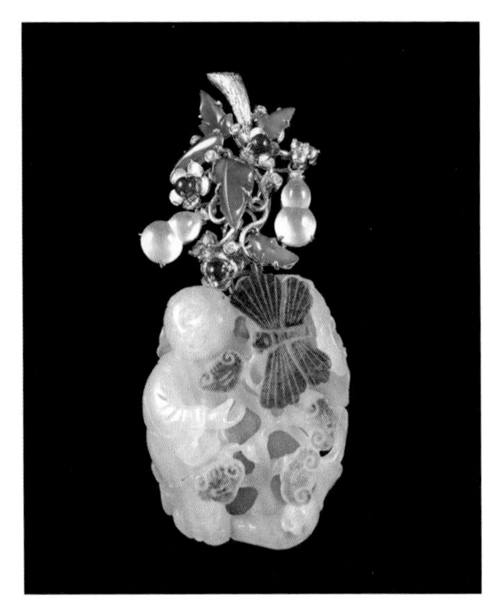

仙童持荷笑颜开，彩蝶翩翩福自来
如意花开添福禄，积善之家庆有余
作品名称：和合福禄
材质：清代和田白玉童子圆雕、黄K金、白钻、红翡、翠玉、冰种翡翠

董商和文物店老板。

寄情收藏世界，藏品来自全球各地

这二十几年的收藏岁月中，父亲从地摊逛到各大古董店，甚至进拍卖行竞拍。到各地出差时，也不曾错过购买古董的机会。在北京，父亲从最初一大片空地，没有任何建筑物的潘家园地摊开始寻宝，逛到当时也是空地，如今已大楼林立、文物商店鳞次栉比的北京古玩城、天雅古玩城；从上海城隍庙文物街，逛到成都古玩街、古玩商场、西安文物街、南京夫子庙、广州长寿路……这些古玩市场集中地都是他每次经过必会淘宝之处。

即使是与母亲出国旅游，无论是在哪个国家，当地的古董店，一定是行程中的必到之处。在他的收藏中，有从纽约第六大道古董店中购得的清代巧雕玉牌，也有从法国古董店里找到的清代象牙仕女像，甚至是在斯里兰卡找到的犀角雕件。二十几年来，他的休闲娱乐，几乎都围绕着这些文物。

看父亲如此钟情于收藏，母亲也跟着他一同学习鉴赏，甚至还将他收藏的一些玉牌花片，加上自己的创意，设计出百余件老玉与现代金工结合的别致饰品。谁也没想到，当初的无心插柳，让一位工薪阶层的教授，后来成为小有名气的收藏家，也让一位默

窈窕人何在，空谷暗飘香

作品名称：空谷幽香

材质：明代和田白玉花片、白K金、黄K金、白钻、红宝石、翠玉

法轮常转见佛性，心门开敞多修行

作品名称：法轮常转

材质：明代和田白玉转心佩、玫瑰K金、白钻、红宝石、翠玉

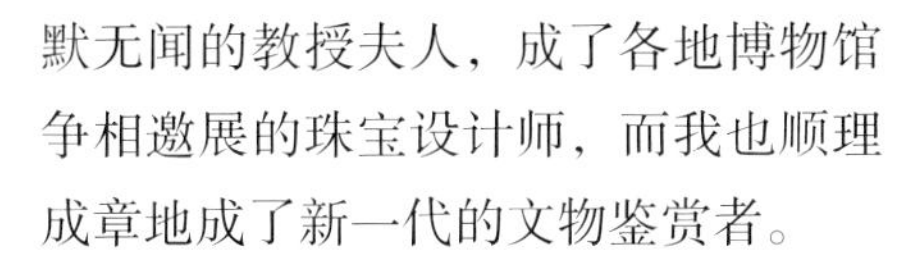

默无闻的教授夫人，成了各地博物馆争相邀展的珠宝设计师，而我也顺理成章地成了新一代的文物鉴赏者。

这条收藏之路，父亲从未强求，一切随缘，也从来没想过这些藏品是否有增值空间，不以“投资眼光”为前提来收藏，才能专注于藏品本身的美感及艺术性，也才有机会收到好的藏品。在这段愉悦的黄金收藏期间，除了累积了不少藏品外，父亲也结交了不少各行各业的藏友，大家互相切磋研究，分享文物收藏之乐。

到了2000年后，中国大陆的经济突飞猛进，有钱人变多了，收藏家也急遽增加，古玩市场的趋向也逐渐改变，原本在20世纪80年代流入台湾地区的各式古玩珍藏，随着经济实力的此消彼长，开始回流中国大陆。需求量增加，使得明清白玉在古玩市场上变得更为稀有珍贵，有些藏家便转而收藏新开采和新制作的和田玉器。一时之间，新的和田玉料价格迅速飙升，遂有“疯狂的石头”之称。由于收藏市场对和田玉的热度一直不减，在2002年开始由官方举办设立中国玉雕、石雕作品“天工奖”，促成了“玉器工艺大师”的诞生，也从此炒热了整个中国玉器市场。

以玉会友，人生一大乐事

如今在中国各地，想在文玩市场上“捡漏”已不太可能；同样的，想

舍南舍北，桃李花香
翩翩玉蝶，富贵花开
作品名称：大富大贵
材质：明代和田白玉蝴蝶、玫瑰K金、白钻、红翡、翠玉

同心玉环伴翠蝶，相知相识莫相违
作品名称：圆融幸福
材质：清代和田白玉环、白K金、红宝石、翠玉

用便宜的价格买到又好又真的玉器，更是不可能。对多数走过收藏玉器“黄金十年”的收藏者来说，要多花数倍的钱去买当年同等级别的玉器，实在难以接受；而要把手中收藏多年的好玉件拿出去割爱，更是难上加难。这也是近几年来，我国文物拍卖公司，越来越难征集到绝佳明清玉件的主要原因。

犹记在“光气琳琅”玉器收藏展的开幕式上，两位玉器专家“台北玉雅集”的洪明仁先生和“玉玩雅集”理事长蔡胜雄先生，将父亲的收藏喻为“文人收藏”，有别于一些大藏家阔气的大型摆件。父亲的收藏中，除了文房用品以外，都是一些可供佩戴和把玩的精致小品，趣味性极高。所谓“君子爱玉，玉不离身”，这些明清白玉佩件过去也都是文人的玩物，每当拿起这些玉件把玩时，不禁遥想当年拥有这些玉件的历代文人应该也十分呵护这些小东西吧！否则怎么可能在历经数百年后，仍完好无损地流传到我们手中？在收藏的浩瀚历史中，我们也不过是把玩这些文玩的短暂历史过客而已。

要说收藏玉器的感想，乐趣与知识一定远胜过藏品的财富累积，而以玉会友、以玉识友，对我们父子来说，更是人生一大乐事啊！

名词解释

皮壳包浆

在古董器物的表面上，经长时间风化作用而产生自然老化的橘皮纹路，称为“皮壳”。“包浆”是指古董器物的表面，经不同时代的藏家们长期把玩后，因手上的温度和汗渍层层积淀，逐渐形成一层如玻璃般的薄膜，呈现出自然温润的光泽和色彩。

西宫

东宫向来是太子所居之处，有时也称太子为东宫。在汉代，由于太后居住的长乐宫位于未央宫东侧，故称太后为东宫，但此别称在其他朝代相当罕见。至于皇帝的其他妃嫔住处则称为西宫。

直到清朝末年，同治皇帝即位后，因咸丰皇后并非同治的亲生母亲，于是便尊皇后钮祜禄氏为母后皇太后，徽号慈安，亲生的懿贵妃叶赫那拉氏为圣母皇太后，徽号慈禧。从这一天起，慈安太后搬入东暖阁，慈禧太后搬入西暖阁。此后，宫内始有东宫太后、西宫太后的说法。

飞天

飞天是佛教中“乾闼婆”和“紧那罗”二神的化身，乾闼婆为天歌神，紧那罗是天乐神，两人原为夫妻，是印度神话中主管歌舞娱乐的神祇。佛教经典记载，乾闼婆和紧那罗为天龙八部众神之二，乾闼婆在佛陀讲经说法时，负责为众神献花供宝，并翱翔于云霄之间，散播各种香气礼佛；而紧那罗则在佛土中奏乐、歌舞。后世将两者的形象合二为一，演变为最早的飞天形态。

食玉

中国自古便有食玉之风，将玉研磨成屑以供食用。玉的食用方式，在《本草纲目》中有详细记载：“作玉浆法，玉屑一升、地榆草一升、稻米一升，取白露二升，铜器中煮，米熟绞汁，玉屑化为水，以药纳入，所谓神仙玉浆也。”

妇好墓

妇好墓即殷墟五号墓，是商代后期的封建领主贵族的墓葬之地，1976年在河南省安阳市小屯村西北的殷墟宗庙宫殿区附近发掘出土。妇好墓是殷墟发掘50年来，唯一保存完整、未经盗墓者扰动的王室墓葬，也是目前唯一能够跟历史文献和甲骨文联系起来的殷代墓葬，对了解商代后期的历史文化，以及考古学研究，有着重要的学术价值。

御题诗

乾隆皇帝一生喜文喜诗，又擅长武术，自称文治武功十全老人。爱好收藏的他，自认书法造诣颇高，每每见到精彩的书画或玉器，便会雅兴大发，于原作上再加上自己的御题诗句，抒发自己的收藏心得。后世对此做法褒贬不一，但在拍卖会上，有乾隆御题的作品，一般都会是令人注目的天价拍品。

掏膛

挖空容器内部，是雕琢玉器的内部琢磨工艺。制作瓶、碗、杯等容器类玉器时，玉工师傅必须将腹膛内的玉取出来，一般是用钢卷筒来掏膛。经过这道工序，玉器中央会出现一根玉柱。最困难的是用小锤取出玉柱，万一力道不对，玉柱取不出来事小，可能会使整件玉器碎裂。接着，再以弯形的扁状锥头慢慢琢磨，掏空玉器的内膛。壶壁很薄的玉鼻烟壶，最能表现掏膛的精湛工艺。

痕都斯坦

也译作温都斯坦、痕奴斯坦等，后来乾隆皇帝按照藏语和回语发音，亲自考证并确定译名为“痕都斯坦”。一般认为痕都斯坦是在今天的巴基斯坦北部、阿富汗东部一带地区，属昆仑山脉的西部之脉。乾隆登基后，逐步重新统一了新疆地区，恢复了和田的贡玉。大约在乾隆中期，痕都斯坦玉器传入清廷，其精美绝伦的做工立即得到乾隆皇帝的赞赏，于是下旨大力搜寻“痕器”，并诏令养心殿造办处专设仿制痕器的玉作坊。

造办处

造办处位于紫禁城外廷西部、慈宁宫以南，是清朝专为皇家制作衣服、饰品等日常用品的官办作坊。当时内务府的人和太监戏称造办处为“揍笨处”，因为这里全是顶尖的能工巧匠，本事不高、手脚不灵的工匠是不能到这里来当差的，来了也只有挨揍的份儿。在清代，养心殿造办处集中了全国最优秀的艺术和技术人员，创造出中国工艺技术的顶峰之作，无数国宝级的工艺品都是出自这里。

开门

古玩鉴赏的专用术语，也叫做“开门见山”，是指器物的形制、工艺、皮壳、包浆都很自然，具备了所有应该具有的特征，行家一眼即可辨认。通常说一件古玩是“开门货”，就是指这件古玩是一件争议性不大的年代准确的老件。

汉八刀

秦汉时期的玉器，雕刻风格雄浑博大、自然豪放，该时期的玉器制作工艺已从商周以来神秘威严的宗教图案束缚中解脱出来。在具有写实倾向的绘画艺术影响下，创造出了“汉八

刀”的琢玉工艺，只用八刀便雕琢出一件小型玉器，迈出了崭新的琢玉道路。“汉八刀”原指汉代雕刻的玉蝉，后来也泛指所有汉代的琢玉工艺。其刀法矫健、粗野、锋芒有力，体现出当时玉匠精湛的雕刻技术。

捡漏

捡漏是古玩界的行话。古玩界普遍认为捡漏可遇而不可求，故而用一个“捡”字来寓意其难得，是诙谐的表达，也是汉文化中调侃文化的形象化体现。捡漏用苏州话来说叫“吃仙胆”，说的是一件价值连城的珍品，别人却没有发现它的价值，唯有慧眼识珠的人发现了它，并用极低价格买下来。相反，也有的藏家一时看走了眼，花了高价把毫无价值的东西当成珍宝买回来，那就叫做“吃苦胆”了，北方话称之为“打眼”。

蓝田玉

蓝田玉素有盛名，以其产地西安北部的蓝田山而得名。据考证，秦始皇初定天下时，就命丞相李斯采蓝田玉以制玉玺。后来由于矿点被开采一空，后世找寻不着，而对“蓝田产美玉”之说产生疑问。直至 1978 年，地质学家在陕西蓝田县发现了蛇纹石质的大理石，将此矿种与汉代出土文物比对，认为极有可能就是古书记载的蓝田玉。